FOCUS DAFENG

焦点大冯

杜仲华 ◎ 著

文化藝術出版社
Culture and Art Publishing House

目录

CONTENTS

我与大冯（代序）…………………… 2

・文情墨趣・

他在历史与现实间穿梭往复………… 10
大冯的文学"婚外恋"………………… 13
一条《神鞭》，甩了十八年 ………… 19
绘画，是艺术家心灵的闪电………… 23

・津沽遗韵・

大树对根的情意 …………………… 32
世纪的"定格" ……………………… 37
敲响建城600年倒计时钟声 ………… 44

・感受年味・

淡淡年意深深情 …………………… 50
恢复传统节日记忆 ………………… 55
过年，就是"过文化" ……………… 60
挂幅年画便过年 …………………… 64

· 异域行踪 ·

古罗马废墟上的东方人 …………… 72
依旧活着的空间 …………………… 82
文化精神不可迷失 ………………… 87
解读达·芬奇 ……………………… 92

· 甲子寿宴 ·

大冯回乡摆"寿宴" ……………… 100
掀起你的"红盖头" ……………… 108

· 天大的事 ·

大冯"天大的事" ………………… 116

· 田野考察 ·

不能放弃的神圣使命 ……………… 126
大美不言在民间 …………………… 134
金钱买不到的东西最可贵 ………… 145
知识分子就是要"精神至上" …… 153

· 对话奥运 ·

大冯给张艺谋的开幕式打满分 …… 162
比梦想更美丽的现实 ……………… 167

·心有灵犀·

大冯、铁凝相约赵州桥 …………… 178

大冯西安夜访贾平凹 …………… 185

韩美林、姜昆雨中津门城会大冯 ………… 192

·性情中人·

参观大冯 …………… 202

"我是一个足版的冯骥才" …………… 210

名人是媒体连续剧的主角 …………… 216

·附 录·

大冯和一个洋学者的跨国缘 …………… 220

FENG JICAI

冯骥才近照

跋涉——大冯田野考察

我与大冯（代序）

儿时的记忆往往是斑斓多彩的，时而恍如隔世，时而又像昨天一样清晰可辨。印象最深的是纵贯城市中心的海河，以及连缀两岸的一座座钢筋铁骨的桥梁。

记不清有多少次，我从海河东岸的码头登上渡船，在摇摆不定的船身和咯吱咯吱的摇橹声中，静观一泓碧水激起的白色浪花，不时有渔船、水鸟擦身而过，霎时鼻孔中钻入一股淡淡的鱼腥味。

记不清有多少次，我肩挎绿帆布做的画夹，沐浴着落日的余晖，描绘停泊在岸边的驳船与拖在水中的倒影，描绘旧租界的罗马和哥特式建筑，以及小巷里缥缈的袅袅炊烟。

也记不清有多少次，我与邻居小友结伴同游老城，在香雾缭绕的天后宫观赏鲜亮喜兴的杨柳青木版大娃娃，聆听"闷葫芦"的尖锐哨音，体味老天津浓浓的年意……

手持两支笔的大冯（铅笔画）　杜仲华作

突如其来的一场空前大浩劫，使得一切美好的记忆画面顷刻间被揉皱，被扭曲，一切都乾坤颠倒，美丑不分。

直到1976年，历史翻开崭新的一页。

经历了"破旧立新"的大革命，头脑里仿佛一片空白。很长时间之后，才朦朦胧胧知道了码头文化、租界文化这些概念，知道了《神鞭》、《三寸金莲》这些年画般醇美凝重的乡土民俗小说，知道了它们的作者名唤冯骥才。

未曾想，当数载后我从天津工艺美院调入今晚报社，成为一名文化记者时，采访最多、交情最深的文化名人就是冯骥才（熟悉以后，我便习惯地称他"大冯"）了。

如今，大冯已名满天下。他的名字前面，不仅可冠以作家、画家、文化学者等称谓，甚至已成为一个符号，一种精神。

他有着1.92米的伟岸身材，走在街上，常给人一种鹤立鸡群之感。他的头发已有些花白而蓬乱，然而它所覆盖的，却是一个绝顶聪明的头脑。这头脑机敏、睿智，既富于形象思维，又富于逻辑思维。这头脑的内存大得惊人，仔细查阅的话，你会发现它犹如一部文化的百科全书。

与多数作家不同，他不仅笔锋犀利，口才也堪与演说家相媲美。他喜欢沏上一杯酽茶，在沙发上翘起二郎腿，借助丰富的手势，从容不迫地表述自己的思想。独到的见解，精辟的哲理，幽默诙谐的语言，会磁石般紧紧吸引住每一个倾听者。

他兼具作家天马行空的想象、画家飘逸洒脱的气质、社会活动家纵横捭阖的能量和文化大家的风度。

他是个典型的工作狂，写作 绘画，主持民间文化保护工作，加上频繁的社会活动和外出考察，占据了他一年中绝大部分时间。有人说过，一天240小时也不够他用。然而奇怪的是，他把一切都安排得井然有序，从未乱过阵脚。他说过，他身上有好几个口袋，每个口袋里都装着一件事，需做哪件事时，就翻哪个口袋。

每当他有重大社会活动时，都会一身西装革履，显得很帅气，也很精神，完全不像他所自嘲的那样，邋邋遢遢，不修边幅。他与嘉宾们谈笑风生，应酬自如，迅速形成一个气场。无论到哪儿，他总是众人瞩目的焦点。

他堪称精神富翁，却绝无贵族气。他喜欢到民间看一看，走一走，接触原生态的生活，关心百姓的疾苦。每年春节，他都会组织一两次签名售书活动，不是为了卖书，而是为直接与他的读者"上帝"过年聊天，了解他们对文学的需求。他与吾土吾民仿佛具有一种天然的血缘关系。

大冯参加本书作者新书签售活动

　　他不仅有自己的文化圈子，更有人民大众这个圈子；不仅有浓郁的乡土情结，更有广阔的全球视野。他的小说已打破国界，被翻译成十几种外文版本；他的双脚已走出国门，在纽约、巴黎、维也纳、阿姆斯特丹和圣彼得堡，在每一座艺术宫殿、人文景观和名人故居前，都留下他的足迹，他的考证，他的思索和他的美文。

　　像所有名人一样，他有超凡脱俗的一面，也有普通人的情感、心态和喜怒哀乐。作为一个名人和有魅力的男人，他无疑拥有众多的倾慕者，却从未传出关于他的绯闻。因为他始终坚守东方人传统的价值观和道德观。他能取得今天的成就，肯定有他贤内助的一份功劳。为了表示对她的不变的爱，2007年元旦，在他们结婚40周年之际，他特意为也是画家的妻子精心编印了一本《霓裳集——顾同昭白描仕女集》，作为"红宝石婚"的最好礼物。那是一颗晶莹剔透的心，是他们相濡以沫婚姻生活的最好见证。

　　他偶尔吸支烟提提神，基本不喝酒，不打牌，也从不去歌舞厅之类的娱乐场所。他最好的休闲方式，便是在自己家中写字画画，欣赏音乐，让自己过于紧张的神经稍稍松弛一下……

人与人之间必定存在某种缘分。

初次采访大冯,是瑶以给人注射为生,空虚岁月里她与女伴严家师母、严的表亲康明年初在他位于南京路的云峰楼寓所中。当时,他已是新时期中国文坛冉冉升起的一颗新星,不仅写出了《铺花的歧路》、《啊!》这样的"伤痕文学",更在描绘近代天津市井风情奇闻轶事方面,显示出出众的才华和丰厚的文化积累。所以,我写他的第一篇报道就是《他在历史与现实间穿梭往复》。他的称赞使我备受鼓舞。90年代初,他一度"弃文从画"时,我又写过一篇《大冯的文学婚外恋》,他看后笑道:"被你写是一种福气!"

我深知,写大冯,必须熟悉他,理解他,读懂他,真正掌握与之"对话"的能力。而做到这一点并非易事。所以20年来,我努力研读他的作品,认真聆听他的讲述,紧紧追寻他的脚步,细细品味他的思想。当他对中国年俗文化的失落感到

大冯与本书作者在巴黎歌剧院

大冯与本书作者在湖南张家界

本书作者随大冯考察时在路边小憩

忧虑,提出"禁炮不如限炮"时,我采写了《淡淡年意深深情》;当他亲率一支摄影大军,对老城历史文化遗存进行地毯式搜索抢救时,我采写了《把老城留在画页中》、《世纪的定格》;当他从意、法、奥等文明古国考察归来时,我采写了《古罗马废墟上的东方人》、《依旧活着的空间》、《文化精神不可迷失》;当他甲子之年回祖籍浙江宁波举办省亲画展时,我有幸随行采写了《掀起你的红盖头》;当他创立天津大学冯骥才文学艺术研究院时,我又采写了《大冯天大的事》;近年来,他应邀赴陕西、山西、湖南等地考察非物质文化遗产保护工作时,我又随行采写了《大美不言在民间》、《金钱买不到的东西最可贵》、《知识分子就要"精神至上"》等。总之,在他艺术人生的每一个焦点时刻,我都作为一个传媒人、也是他的好友参与其中,并向读者报告他的最新消息。

而大冯,也毫不吝惜对朋友的提携和称赞。

1997年,他热情为我的第一本书《明星大聚焦》作序,并与牛群、李媛媛一起出席该书的首发式和签售活动。他说,你写了那么多名人,现在也该被人写写了。

在《写写杜仲华》的序中,他不仅为我画了一幅生动逼真的"肖像",而且对我的人物访谈作品给予高度评价:"被他采访的无一不是当今文艺界最响亮的人物。然而,杜仲华却不关心他们头顶的光环和手中的奖杯,不仰视他们,也不带着世俗的好奇钻到幕后偷窥他们一眼。他热衷于与你探讨艺术,于是,这些采访便成了一种挖掘,一种提炼,一种宝贵的价值观的弘扬。"2005年,我的第二本书《驿动的音画》又承蒙大冯作序"优美的游记",文中称该书是一本"多彩的文化游记,无论间接访谈还是直接描述,都呈现出人类艺术的斑斓","只要被杜仲华采访过,自己就不要去写游记了"。他还特别称赞了我在书中所绘的插图,尽管他自己就是一位造诣深厚的画家。

《名人,开门》是我的第三本书,出版后本不想太过张扬,不料将样书呈送大冯时,他一看封面设计便很兴奋,当即表示:你搞签售活动时,我运作。还建议我上北京请一两位大腕一起签。就这样,天津的老领导石坚、陆焕生,大冯、张纪中等京津两地的作家、评论家、艺术家、媒体记者和热心读者数百人共同出席了《名人,开门》的首发式和签售活动,被称为"文艺界的一次大聚会"。而大冯在首发式上的讲话尤其令人感动,他说,今天我来帮他签名,比给我自己的新书签名还要高兴!

很久以来我就有一个愿望:将改革开放30年来,追随大冯脚步撰写的几十篇文章结集成书,给读者一个比较完整、真实的大冯,一个记者笔下的大冯——他的才情横溢的文学和绘画创作;独特的思维方式和对古今中外文化现象的精辟见解;执著而富有成效的文化保护行动,以及他的价值观、人生理想等思想和心灵层面的东西。这些散见于报刊的文章结集成书,犹如把散落的珍珠连缀成串,目的不是为装饰美人的玉颈,而是给人以精神上的某些启迪和警示,或许,还有赏心悦目的艺术感受。

是为序。

作者写于2009年10月

・文情墨趣・

他在历史与现实间穿梭往复

有人说他是文学的幸运儿,是文坛的一员福将,而他却坚信:谁曾是生活的不幸者,谁才有条件成为文学的幸运儿。文学是一种使命,一种又苦又甜的终身劳役。是"文革"给了他这种使命感。

1985年1月,耸立在天津市中心繁华的南京路上的一幢高层住宅里,刚刚出席了中国作协"四大",并当选为中国作协理事的作家冯骥才,悠然坐在沙发上,

大冯伏案写作

  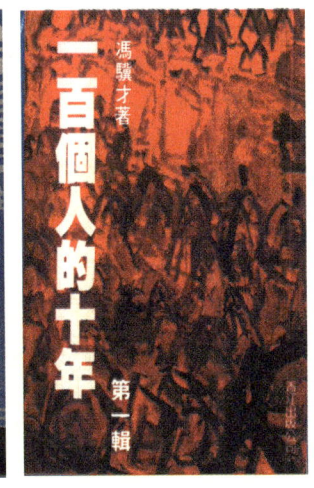

大冯早期文学作品《感谢生活》　　大冯早期文学作品《啊!》　　大冯早期文学作品《一百个人的十年》

借助手势表述着自己的论点;同时观察着对方的反应,不时问道:"你同意吗?"

室内光线明亮,布置朴素典雅:墙上挂着他画的国画,书橱上点缀着缤纷多样的艺术品。他曾向西方记者夸耀自己是中国最有福气的作家之一:"一百平米住宅,在屋里踱步时有走累的感觉;吃饭有妻子给做,我只会泡方便面。"

冯骥才认为,一种闭塞禁锢的文化,不可能与改革和开放的社会相适应。对作家来说,还有个怎样使用这种创作自由的问题:"首先要克服自身的障碍,自己开放自己。不然,穿着衣服跳到海里,怎么游得自由自在!"他说,新时期的文学,已从"伤痕文学"、"问题小说",发展为多元化、全方位的文学;文学与时代,已成为一种"立体"的结合。文学的领域十分广阔,中青年作家亟须更新知识,建立新的知识结构。

他的心灵是自由的。在"万马齐喑"的年代,他就躲在家里写小说,写成后埋在院里。《中国作家》创刊号头条刊载的他的小说《感谢生活》,即是其中一篇。小说描写了"文革"中一位艺术家的遭遇:他像个"魔术袋",把生活中尖的、圆的、软的、硬的塞进去,他都能默默消化掉,不论遭际如何坎坷,依然挚爱生活。这是作者所理解的中国男性的形象。小说用"画家"的眼睛看世界,画面感强,富有意境,被认为是一部艺术上有突破的佳作。1984年完成的历史小说《神鞭》在《小说家》发表后,有十多家刊物转载,西影厂已决定将其搬上银幕。他的散文集《珍珠鸟》和文艺理论集《小说的艺术》亦已付梓。

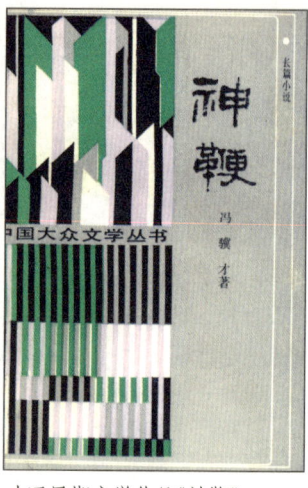

大冯早期文学作品《铺花的歧路》　　大冯早期文学作品《高女人和她的矮丈夫》　　大冯早期文学作品《神鞭》

从冯骥才的创作轨迹中，人们不难发现：作家在历史与现实的思维世界中穿梭往复，力图通过对历史的再认识，反映现代社会的变革。这从他正在构思的长篇历史小说《三寸金莲》中即可反映出来。

他怎么想起写《三寸金莲》呢？意大利人利马窦在《中国札记》中写道：中国女人，将有生命力的脚捆变形，一辈子不放开，还自以为美。中国的缠足始自南唐，止于民初，又几经周折的历史，诱发了作家研究民族心理、生活习俗和文化传统，借以认识和反映现实的欲望，用评论家的话说，即"用现代意念写历史生活"。

《三寸金莲》以晚清天津"娘娘宫"到三岔河口一带为环境背景，将脚行、码头、盐业、海关、古玩业等"三教九流"，以长卷式的画面展现出来，追求浓郁的天津地方特色。冯骥才虽是浙江宁波人，但对天津感情深笃。他要将天津的生活一块块"蚕食"掉。下一块，将写天津租界。他的总体构想是写系列小说：一曰"非常时代"，即"文革"系列，如《啊！》、《铺花的歧路》、《高女人和她的矮丈夫》、《感谢生活》；二曰"怪事奇谈"，即历史小说，如《三寸金莲》等；三是直接反映现实的题材，如《走进暴风雨》、《爱之上》等，平行、多面地阐发对时代、历史和艺术的总体认识。

冯骥才是个忙人，每天宾客盈门，那么，他是怎样安排时间的呢？他说："作家观察生活的方式是自由的。除去'扎下去'之外，走马看花、蜻蜓点水，可以从宏观上把握现实生活的整体感，捕捉时代的精神特征和风貌；会客，其实也是一种熟悉、了解人和了解社会的方式。我的座上客不仅有作家、艺术家，也有厂长、

大冯在书房中

工人和教员。"他写历史小说所需资料,多储存于记忆的仓库里,这只是一小部分;大量庞杂的知识,是他从当代最新文学作品、信息,包括文艺理论、社会科学书刊中撷取的。他认为,一个80年代的作家,应当有广博的知识,非如此,不能找到自己的位置。

冯骥才的"自我感觉"良好:可写的东西太多了,可探索的东西太多了。"如果现在再写不出东西,那就谁也不能怨了。"

大冯的文学"婚外恋"

　　大冯宣称艺术家是天生的苦行僧、拿生命祭奠美的圣徒、一群常人眼中的疯子、傻子或上帝的"怪才"。1990年春，他画兴忽发，改书桌为画案，开启尘封已久的笔墨纸砚，耕耘三个月，作画百余幅。仅半年时间，一册装帧精美、印刷考究的《冯骥才画集》便隆重推出，令文艺界同仁着实吃了一惊。

　　于是，有人谐谑他为"两栖动物"，有人称他有了文学的"婚外恋"。

　　殊不知，绘画对大冯来说，决非"婚外恋"——他与绘画的"罗曼史"一直可追溯到童年时代。由于家学渊源，他自幼即喜绘事，常于课余自编故事，绘成"小人书"。上中学时，他已成学校美术骨干，编写黑板报，并有作品在全市青少年美展中获奖。他的启蒙老师，一是擅北宗山水的严六符，一是擅南派小青绿的惠孝

作画的瞬间

大冯临摹的北宋张择端的《清明上河图》（局部）

同。后来又蒙津门名家孙其峰、溥佐指点，兼收并蓄，潜心钻研，打下中国画的笔墨功底。

人生之旅变幻莫测。高中毕业后，大冯报考了中央美院。正待赴试时，天津男篮邀他入盟，遂开始了运动员生涯。一年半后，他因胸骨和腕部受伤而离队，在一家美术社临摹出口古画。他临摹的宋人张泽端的名画《清明上河图》微毫毕现，几可乱真，70年代初曾得美籍华人作家包柏漪的垂青。"文革"中，他当过工人、业务推销员、工艺美术厂绘画员和工艺美术工人大学的教师，直至七十年代末步入文坛。

真正的文学和真正的恋爱一样，是在痛苦中追求幸福。在大冯看来，正是"文革"的剧创，使他改弦易辙，欲为民族纪录心灵的历程。从《铺花的歧路》到《三寸金莲》，他以对我们民族历史与文化的深刻反思遐迩闻名，其文学成就几乎湮没了他的绘画禀赋，以至今天打开《冯骥才画集》才发现：他的笔墨技巧娴熟自如，个性气质潇洒灵透，熔中西绘画手法于一炉，意蕴深远，清新脱俗。然而大冯公开宣布："我非画家。"

他是用绘画工具"画文学"。他把"画"与"文"都看作艺术家表达内心情感的方式——对社会与人生是一种责任方式；对自身是一种生命方式。

高尔基曾用一段冗长的文字，描述一个人物蓬松着头发，坐在一片被踩倒的草地上。契柯夫在致高尔基的信中说："我要写，就写一个人坐在草地上。文学应当立刻生出形象。"大冯以此为例说明：文学与绘画的共同之处，都是用形象思维来创作，文学是用文字来作画，所有文字都是色彩；绘画是用笔墨来写作，画中

大冯的画作《等待》

的线条、色彩、水墨都是语言。

即使在与文学"结婚"的十多年间,大冯也从未割断与绘画的联系。他亲自动手,为自己的小说《三寸金莲》、《海外趣谈》和《阴阳八卦》作插图。他用画家的眼睛观察、审视一切,随时接受着外部世界的信息:光线、色彩、线条……他将这些美的元素积累起来,忽然某一天,浩阔深幽的心底,会悠然浮出一幅画来。他始终在内心完成着全部绘画思维,只是未将它形之于纸而已。这是心灵的要求,生命的要求,是艺术家最大的欣慰与快感。

一日清晨,大冯起床后,聆听了一曲舒曼的音乐。优美的旋律中,他油然生出一种期待的感觉。他"开砚捉笔,展纸于案,皎白一张纸上好似布满神经,锋毫触之,敏感异常,仿佛指尖碰到恋人手臂",转瞬之间,《等待》一画完成了:绿阴下,柴门微启,阳光把一抹金黄洒入院落中;是期待久别的老友,抑或是未归的情人?画境朦胧,心境朦胧,美在其中,乐在其中。画毕,他感到意犹未尽,又听了一遍舒曼的音乐,复又作了一篇散文,描述了人在初恋中的感受。当他把这一天的经历告诉一位友人时,对方艳羡道:"你活得太美了!"

他的画中很少出现人物。照他想,人物是应当写的,是作家的思维范畴。尤

大冯的画作《树后边是太阳》

大冯的画作《每过此径不忍踩》（局部）

其是人物的内在形象，例如雨果笔下的冉·阿让是一个"善"的形象，这是绘画无力表现的。然而，细细品味，他画中的草木、激流、灯船、水鸟，不都是有生命情感和情绪的吗？《野溪》是他与一位来自湖北的农民读者聊天后，为其真诚质朴所动，一挥而就的。《每过此径不忍踩》则是他在德国街头见一老妪不忍踩踏美丽的落叶，绕道而行的生活细节而创作的，表达了画家对大自然创造的美的钟爱。"不热爱大自然，就不会热爱人。"大冯道。

灯船似乎是他最喜爱的题材。在这里，寄寓着他童年的梦和美学理想。点、线、面，是中国画构成的三要素；而渔灯、桅杆和船身，正是这种形式美的高度体现。他还爱用近乎油画的笔触，表现大河、激流的雄浑浩淼，借此抒发内心的激情。当然，他也画忧虑和伤感，有时甚至发发"火"。

作为一位思想深沉的作家，大冯的画中常有很强的理念性。如，《动则静，静则动》宣扬了我们老祖宗的一种朴素的辩证法；《一笔山水》则蕴含着《易经》的思想：万物都是彼此联系的。

参观大冯的画室时，方知其名"三乐斋"。何谓"三乐"？大冯笑道："我哄我乐，我哄人乐，人哄我乐。"妙哉！

一条《神鞭》，甩了十八年

"一条神鞭，甩了十八年，神气犹在一部奇书，传了两代人，都知傻二，又见神鞭。"

2003年春开播的电视连续剧《神鞭》，是根据大冯同名小说改编的。《神鞭》写于上世纪80年代，问世18年来，风光始终不减：各种转载何止千万；译成外文不下十种；亦拍过电影，画成连环画，近期又改编成电视连续剧。

大冯对他的文学作品被搬上银屏持何态度，他对18年后重拍的《神鞭》是否满意？当作者带着这样的问题登门造访时，大冯首先送给作者一本上海文汇出版社最新版本的《神鞭》。新书封面设计得古色古香，上有大冯亲手题写的清劲潇洒的书名以及1990年所作《神鞭》人物水墨画。大冯在《神鞭》新版序言——"送你一件古董"中说："作家的作品都是写给自己同时代人的。其用心，有的是出于时代责任，有的要与读者交流或碰撞。小说引起注意的一个根本缘故，是与时代合拍……然而，这样一种作品在经历了物换星移和时过境迁之后，又会怎样？社会生活换了一番风景，世人换了一种心情与关注，连审美的偏好也去之千里。当新的一代读者再打开你的这本书，一准不会有原先那样的激情。因此，对于作家最关键的是第二代读者。如果作品没有第二代读者，作品的生命便要终结。故而，我很看重《神鞭》在问世和改编为电影18年后，近期又改编为电视连续剧，也很看重这次小说的新版重印……"

由此可见，大冯不仅欢迎他的文学作品被再次改编，而且热切期待着"第二代读者"的反馈。

熟悉大冯文学创作的朋友们都知道，他的享誉海内外的"文化小说"，例如《神鞭》、《三寸金莲》、《俗世奇人》等，皆是以清末民初九河下梢、五方杂处的水陆码头天津为历史文化背景的。据大冯介绍，他的这一创作倾向受到了法国文化学的一个重要学派——年鉴史学派的影响。该学派认为，历史上的某一个特定时期，往往最能代表该地区的文化形态。如上海是20世纪30年代，天津则是清末

《神鞭》电影海报

民初。清末民初是天津水陆运输最发达的时期,码头文化亦发展到极致;与此同时,西风东渐,两种迥然而异的文化形态激烈碰撞,使这一时期的天津人"最有味道"。大冯正是将当时天津特有的文化形态作为横剖面,塑造出一个个生动鲜活、有血有肉的人物,来模拟、复制那个时代天津人的整体性格和形象的。豪爽、幽默、强悍、辛辣、崇尚绝技、逞强好胜而又讲情讲义,这些性格特征在大冯的文化小说中可谓呼之欲出。

傻二、玻璃花、飞来凤……《神鞭》中这些人物的传奇故事,究竟要告诉当今读者什么东西呢?

大冯说,他创作《神鞭》的初衷,与当时的改革有关。小说采用象征性的笔法,说这条辫子(即"神鞭")是所向无敌的,犹如"国宝";但到了新的社会变革时期,却顶不上一个洋枪子儿。怎么办呢?辫子剪了,"神"留着;玩洋枪,要玩得比洋人还绝。作家以辫子影射国人的"根性",期望变"劣根"为"优根"。

　　谈到对改编的态度,大冯诙谐地说:"我的基本态度是:如果同意他改,必定是认为导演和制片不错;之后便任人宰割了……"想当初,西安一家电视机构与大冯商谈《神鞭》改编事宜时,大冯曾给他们泼过冷水,认为他们很难成功。因为《神鞭》拍过电影,影响很大,看过电影的人太多了;大家对张子恩的导演风格,对陈宝国、王亚为等演员的表演,至今津津乐道。不料,对方也很自信地说了一句玩笑话:"电影是给我们电视剧做的广告。"

　　电视剧《神鞭》拍成后,制片方送给大冯一套光盘。因工作繁忙,大冯只看了前四集。于是,作者请他谈谈初步印象。

大冯手绘《神鞭》中的傻二

大冯说，他原来担心电视剧热衷于表现傻二的辫子功如何神奇，因为随着现代科技的迅猛发展，运用电脑特技手段，肯定能把"神鞭"表现得比电影更奇妙、更出彩。令他感到欣慰的是，电视剧《神鞭》并未在拍摄技术上下更大功夫，而是着力渲染特定的历史氛围和地域文化。"我希望看到他们对《神鞭》有新的理解和诠释。"大冯说。确实，编导很聪明地为电视剧增加了一个大的历史背景——戊戌变法，这是小说中没有的。此外，傻二这个人物很难演，因为他的"傻"中，有一种纯朴、憨厚的东西，而任程伟把握得不瘟不火，分寸适宜，不比电影中的王亚为逊色。

从微观侃到宏观，大冯对文学作品的改编还有精辟见解。他认为，文学作品的改编有几种情况。一种是完全忠实于原作的影视作品，如《红与黑》、《简·爱》、《红楼梦》、《围城》，也包括电影《神鞭》。作家当然希望自己的作品能保持原汁原味，但也要尊重影视导演的再创作，因为小说擅长人物心理描写，影视却要诉诸视觉，要求每一处情节都与原著一模一样是不可能的。还有一种情况，是影视编导以作家的文学作品为由头，随意发挥，曲解原作的主题思想。如周梅森的《中国制造》，本是针砭官场上不良习气的，改编成电视剧后，主题却变成了"忠诚"。大冯认为，改编文学原著要允许编导进行二度创作，但一不能改变原作的主题思想，二不能改变人物性格，三不能改变大的情节框架。"因为影视改编文学作品，都是把纯文学变成通俗文化；它肯定比小说更好看，却未必如原作那样深刻，为观众提供那么多思想——但你不能改变和扭曲原作的思想。"

除了《神鞭》被改编为电视剧外，大冯的小说《俗世奇人》已被空政话剧团搬上话剧舞台，《三寸金莲》的改编权则卖给了艺术实力雄厚的北京人艺。至于一直被影视导演看好的《三寸金莲》为何迟迟未有动静，大冯说他一直未遇到合适的导演。究竟谁能拍《三寸金莲》？大冯沉吟片刻道："我认为李安可以。听赵文瑄讲，李安特别喜欢《三寸金莲》，曾把这本书推荐给赵文瑄读。赵读后即与我成了朋友，常来天津我家中做客聊天，有时还顺便捎些李安的礼品。我认为他能拍出《三寸金莲》的神韵。"

绘画，是艺术家心灵的闪电

"绘画是艺术家心灵的闪电"，走进天津大学冯骥才文学艺术研究院，《戊子之春》画展强烈吸引着人们的眼球。60余幅水墨淋漓、意境清新的绘画作品，不仅使人看到了画家的非凡才气，更惊异他的那些奇思佳构从何而来。展览前言中的这句精辟短语为我们做出了回答。

他是一位享誉海内外的作家、画家、文化学者和大学教授，多重社会角色，尤其是近年来繁忙的非物质文化遗产保护工作，占去了他的大部分时间和精力。而他的艺术才思却从未枯竭，每隔一段时间，便魔术师般"变"出一批绘画新作，令人大开眼界。他为何要举办这次《戊子之春》画展，创作灵感来自何方，以及他如

大冯在《戊子之春》画展开幕式上

何从最初临摹古画发展到今天"自觉的现代文人画",带着这些问题,作者与大冯进行了一次交谈——

关于《戊子之春》画展:
"春天在我心中呼唤出无穷画意"

作者:先谈谈您的《戊子之春》画展吧!想不到您这么忙,竟然还有时间画了这么多画,像变魔术似的。这些画是在何时、何种状态下创作出来的?您在《戊子之春》画册的扉页上写道:"春天在我易感的心中呼唤出无穷的画意",请您为我们解读一下这句话的涵义。

冯骥才:(笑)我的画可不是变出来的。这些画都是2007年初夏,我在南京和苏州举办公益画展后陆续创作的。公益画展的目的很明确:为基金会筹款,支持民间文化保护事业。我作为一介书生,所能做的只有卖掉自己的画,全部捐献出来。捐赠时很壮烈,很激动,像砍掉了自己身体的一部分;捐赠后却心里空荡荡的,产生一种"家徒四壁"的感觉,并开始怀念自己的画。比如《心中的十二月》,被山东一收藏家以120万元人民币买走,后来万科老总王石也要这套画,只好又从家里取出《风物四时图》给他。你知道,我不画重复的画,就像再婚一样,永远不会有原来的感觉(笑)。所以画一出手,就很难再复制、克隆了。因为"家徒四

大冯的画作《冬日的旋律》

大冯的画作《水乡》

壁"，反过来变成一种"要画画"的动力，急于把空白的墙壁填充上。但只有这个动力是不够的，还要有具体的艺术冲动……

作者：记得您说过，"人为了看见自己的内心才画画"。那么，您一般是在什么情况下产生作画的冲动和灵感的，怎样在画面上表现自己的心灵和情感世界？

冯骥才：绘画的冲动，对我来说是随时随地都可能发生的，有时是一片光、一段音乐，或读一首诗，写一篇散文时。只要有了绘画感觉并有时间作画，我必须马上就画，决不等待，决不遏制。这与写作不同，写作需要较长时间，绘画需要瞬间将感觉捕捉到，而且只有在自己家的画室才能找到绘画的感觉和氛围。一个艺术家的绘画感觉是最敏感，也最脆弱的，禁不起一点外部的干扰。

当我在现实或幻觉中看见秋天逆光中的一片芦苇，那些光和影马上就变成了笔墨，变成具体的表现手法，这时便可下笔了。这中间是没有过渡的。换句话说，只有把对自然的感受变成具体的绘画语言，我才会产生真正的艺术冲动。我在田野调查中，经常看见车窗外非常独特的风景，但回来画不成画，因为它不是你心灵里的东西，只是一种视觉上的刺激而已。

总之，绘画对我而言是一种心灵生活，与我如影相随。这一年来我不断地画，有时只是因为聆听一段钢琴曲——比如我画过一幅《冬日的旋律》，一条黑色的河在雪地中间流过，所有春天的因子都潜藏于冰天雪地中，它是大自然的血液、是最有生命力的旋律。当我找到这个感觉后，那条深邃的河流瞬间变成纸上的笔墨，自然地宣泄出来。正是一首钢琴曲赋予我作画的灵感，这样的画已不可能再画第二幅了。

关于现代文人画：
"我更强调绘画的可叙述性"

作者：您不久前出版的新书《文人画宣言》中，深刻分析了中国文人画的成因、发展及艺术特征，读后印象最深的是王维"诗中有画，画中有诗"和郑板桥"一枝一叶总关情"所反映出的文人画的两个重要属性：文学性和直抒胸臆。美术界评价您的绘画属于"现代文人画"，您认同这一概念吗？如认同，您的"现代文人画"与古代文人画有何异同？

冯骥才：我的画属于"现代文人画"，这个概念是上世纪90年代初，上海画家程十发提出的。他说："什么是现代文人画？你们去看看大冯的画就知道了。"后

大冯的画作《黎明》

来我去日本举办画展,平山郁夫也认为我的画属于现代文人画。我成名于文坛,一般人不知我有一个漫长的丹青生涯。从1961年到1990年,我画了近30年画,其中包括临摹古画,在此过程中基本掌握了传统中国画的技法,有了坚实的宋画基础和线描功夫。我认为中国文人画有四个基本特征:一、直抒胸臆;二、张扬个性;三、将中国画文化化,即文学性;四、创造了一种全新的中国画样式,即将诗、书、画、印熔于一炉。

至于我的现代文人画与古代文人画的异同,我认为,我在直抒胸臆、张扬个性和文学性这三方面,均继承了古代文人画的传统;唯一的差异是,古人强调诗与画的结合,我则更强调散文与画的结合。诗是把大千世界的感受凝聚于一点,用最简洁的句子表达出来;绘画是把一个动态的世界变成一个静态的瞬间。在这一点上,诗与画最容易结合。散文是线性的,一句一句不断将意境深化。我希望我的绘画更像散文,更具可叙述性。比如,"太阳还未出升前,田野是寂寞的,模糊的,大地还残存着夜的阴影;这时,天空开始在迷离处透出一些晨曦,在星星点点的积雪处反射出亮光,最早的一声鸟鸣在极远处清晰地响起来……"我完全可以把这一散文的意境转化为绘画语言——用浓墨渲染夜色中的大地,极远处用曙色扫上一笔,一群小鸟振翅飞翔,留下一片很大很冷的天空。强调画面的可叙述性,这是古人所不及的。

关于传统与借鉴：
"我基本的元素是中国画的"

作者：我注意到，您的画从画幅比例到光影透视效果，都吸收和借鉴了西洋绘画的形式和技法，显得既清新独特又富有时代气息。

冯骥才：我基本的元素还是中国画的，如对毛笔的运用、线条的韵律和审美，墨色的变化等，中国画的几个基本元素都具备。我画中所有的颜色都要与墨说上话；只要说不上话，这幅画就失败了。

以笔墨为主，是我绘画的基本特点。当然也吸收了一些西画的手法，如讲究笔触和肌理，像"皴"一样表现山石的质感和立体感。我还会用一些厚的颜色表现物体的肌理效果，但这种肌理仍有"皴"的味道而非油画的笔触。但我比较喜欢强调光的运用———光是生命的元素，因为有太阳光的照射才诞生了世间万物。我尤其喜欢黄昏中的逆光，在逆光中可将生命看得更透彻。如一片树叶，在逆光中看时是鲜亮的，连叶中脉络、汁液的颜色都一目了然。幼时，我喜欢把双手蒙在眼上看太阳，这时的手是红的，里边是血的颜色，那是世上最美的红色，我们永远调不出那种颜色来。阳光使万物充满生命，也充满神秘感；光线给我无限的绘画灵感和冲动。

大冯的画作《黄昏》

作者：这也是您对传统的最大突破吧！

冯骥才：对，我们要把握传统绘画中一些最重要的规律和最基本的要素；但当传统表现手法已不能满足今天的需要时，就要有自己的创造。任何时代画家的任务都不是复制和克隆古人，古人已完成他们那个时代的使命。画光，恐怕是我今

戊子之春的画展画选《泉水自有多情》

后的绘画主题。

关于画风的嬗变：
"心境的变化使我的绘画更超然"

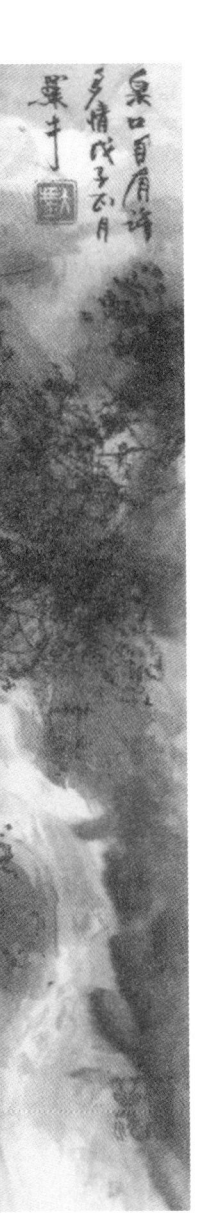

作者：您是学画出身，后来当了作家。上世纪90年代初，您又重拾画笔，开始了文学的"婚外恋"，屈指算来也有18年了。在这漫长的丹青生涯中，您从艺术观念到绘画风格经历了怎样一个嬗变过程？

冯骥才：我觉得有三个阶段。一、传统职业画阶段。从学画开始，到临摹古画，以传统技法为主，强调笔墨功力，打下坚实的传统中国画基础。1978年后走上文坛，内心充满的是文学，使我的思想、境界变得深刻、丰富了。二、自发的文人画阶段。上世纪90年代初，我对自己的创作进行了一个调整。忽然有了画画的欲望，感到自己内心有很多东西需要表现，发现了一个从未开掘过的大矿藏。而且一画就使自己大吃一惊。当时我说，文学是一种责任方式，社会方式，绘画是一种生命方式。生活的坎坷，情感的变化，人生的思考，都通过笔情墨趣尽情宣泄出来。三、自觉的文人画阶段。我从２００２年甲子画展开始，走上一条自觉的现代文人画之路，要求自己一定从内心深处生发出充满文学性的、诗意的感觉才下笔，并不断有意识地做些新的尝试，如对光和影的表现。另外，我可能会往更意象化的风格上走一走，追求更强的时代特点。

作者：我觉得您现在的画风与十几年前的激情澎湃相比，似乎更平和、更唯美了，这是为什么呢？

冯骥才：上世纪90年代中期，中国的文化问题较多，我们这一代作家又有很强的社会责任感。我通过文化遗产保护，思考了一些大的文化、社会问题，给自己带来了未曾察觉的变化，即内心境界的变化：开阔的思维、开阔的视野、开阔的心灵，绘画自然变得更安静、更安详了。有人说我绘画中的定力特别强，定力来自一个人的信念。我绘画的画幅都很小，但很开阔，与自己内心的视野有关。现在好像什么都不十分在乎了，心境更超然、更坦荡、更宽容了。总之绘画是画家心灵的镜子，画面的纯净折射出心灵的纯净，像经过过滤一样。

作者：现在美术界对您的绘画有无不同看法？比如说觉得您不是学院派，而没有经过专业训练的画家通常是受排斥的。

冯骥才：（笑）我肯定不是学院派。学院才多少年？1895年才有北洋大学（天津大学前身），而中国绘画史比学院早得多，所有在1895年北洋大学创立前的画家都是非学院派！

津沽遗韵

大树对根的情意

在繁华的天津小白楼商业街上,有一个闹中取静的"大树画馆",画馆的主人便是汉代将军冯异的后代冯骥才。冯异为君主平定天下后却不愿封官晋爵,每逢论功行赏,必避于大树之下,其高风亮节为人景仰,故名"大树将军"。

进入上世纪90年代中期,随着大规模城市改造的步伐,已经历了百年沧桑岁月的天津老城厢,面临着被推土机夷为平地的风险。这令"大树画馆"中做学问的大冯心急如焚、寝食不安。

老城和三岔河口是天津的发祥地,积淀了深厚的历史文化。作为其载体的老城的拆除,势必带来一个问题:在现代化城市建设中,如何保护人文环境、保护精

大冯在旧城考察时接受媒体采访

天津老城东门内文庙棂星门

神文化遗产，使之免遭破坏？

　　艺术家强烈的社会责任感，驱使大冯将口头上的呼吁变为脚踏实地的行动。第一步，组织几十名摄影家进行历时半年的采风活动，编辑成以图片为主的《天津老房子·旧城遗韵》；第二步，组织民俗工作者深入老城，搜集民间口头文学，出版一部与画册相配套的《老城故事》。他还游说有关部门及投资人，在老城遗址建一座"老城博物馆"。

　　大冯为何对老城文化情有独钟，保护老城文化意义何在？

　　1986年，大冯访问新加坡时，产生过一种茫然的感觉，觉得它没有自己的文化，精神没有依托。因为城市在现代化过程中，将历史的遗存破坏了。香港亦然。他认为，一个民族的文化是一个民族精神之所在；文化丧失了，民族精神就丧失了。改革开放以来，有一个提法很重要：精神文明。因为现代化的最终目的，不仅是使社会富有，人也应该是很文明的人。这才构成一个真正的现代化社会。人对文化的、精神的享受是最高级的享受。只有物质享受而无精神享受，各种社会问题都会出来。世界各国的经验都证明了这一点。

天津老城的鼓楼（钢笔画）
杜仲华作

天津估衣街谦祥益旧址
（钢笔画） 杜仲华作

"使一个人富起来容易，使一个人有文化难"；"一个人有钱并不受尊重，有文化才受尊重"，多么精辟的见解！

"知识分子的工作，有两个内容，"大冯继续侃侃而谈，"一是直接针对现实的，另一个是从更长远目标考虑、非急功近利的。"

他说，我国是个文化大国，但长期以来，不重视自己的文化，文化流失比较严重。所以，保护文化遗产的工作有更长远的意义。它虽不能产生立竿见影的效果，但积累起来，多少年后，可能影响一个地区、城市乃至国家的精神风貌和文明素质，影响每个人的谈吐、修养、气质。这是一个复杂、艰巨的工程。他认为，中华民族历史上几次把外族入侵者同化，同化的力量不是武力，而是文化。因为

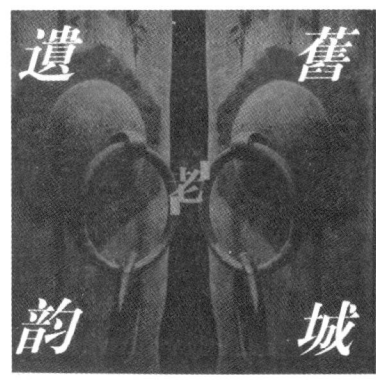
大冯主编《东西南北》封面

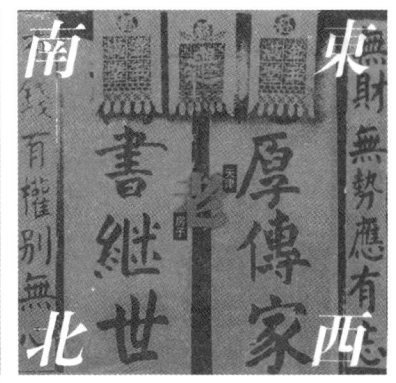
大冯主编《旧城遗韵》封面

中华民族有太多可认同的东西,如过年吃饺子、拜年的风俗,一下把人与人之间的关系拉近了。

那么,我们从老城文化中,究竟能得到什么呢?

大冯说,天津人能够保留自己的文化。如果建成老城博物馆,让青年人认识自己城市的历史、发祥的原因,祖辈生活的形态,以及他们如何通过自己的经验、智慧,将一片荒碱地建成一个国际大都市,肯定是有益的。老城文化具有独特的认识价值。这实际上也是一种"寻根"。一个海外游子归来,一方面希望家乡旧貌换新颜,另一方面也希望有迹可寻,感情有一个依附、排遣的地方,可抒情、怀旧的地方。这就是根的感情。缩小一点说,如果家里没有祖父母的照片,会是一种什么感觉?这时,我注意到,他客厅的一张书案上,非常讲究地摆放着他祖父和母亲的照片……

老城破败了,陈旧了,渐渐被人们遗忘了;但只要一进城里,仍散发着一种浓厚的、天津独有的文化气氛,一种落落大方、肃穆沉雄、古风犹存的感觉。

大冯深情地描述着他半年来十次"进城"的切身感受。

这次摄影采风,大冯强调是一次以文化人的视角看老城,挖掘其文化内涵与特性,具有独特价值的"文化行动"。为此,他邀请了近30位摄影家,还有民俗、历史、建筑专家,大年三十便开始行动,生动记录了城里百姓迁移前的最后一个春节。用文化的眼睛可以看见无数的文化。这次下去,他们有个发现:城里的胡同拐来拐去,拐弯处的墙角都被抹成圆形,抹得五花八门,煞是好看,表现出城里人巧用空间的智慧。还有民房上的烟囱形态各异:雕花的,大福字的,亭阁式的,不下十几种。那些封闭的、层层递进的、带绣楼和花园的豪门宅院，建筑形式亦很独特，与北京的四合院迥然不同。此外，他们还发现了一些具有文物价值的历史遗迹，如明代的水井，被八国联军枪弹射穿的大门，日本江户时期大漆描金雕花佛龛，清末画家吴昌硕的书信等。

特别令大冯欣慰的是，他们原以为，他们的艺术行动，是知识分子和文化人的事情，与老百姓的现实利益距离较远，不会引起人们的多大兴趣。这次下去，感到老百姓对自己创造的文化有一种割舍不断的感情。一位八旬老翁，主动献来珍藏多年的拆除前的鼓楼照片；在街上采风，常有热心人当向导，送梯子，提供种种方便。而当他们谈起砖刻大师马顺清、刘凤鸣，书法家华世奎，以及曾经居住城里的其他文人墨客、达官显贵时，那种荣耀感与自豪感溢于言表。

与《老城故事》同时面世的一部名为《天津老房子·旧城遗韵》的画册，精选了450帧摄影作品，还有60条名街名巷的测绘图、专家撰写的街巷来历等，一目了然，即使老城拆除了，也可以毫不遗憾地说，老城被我们留在画册中了……这是大树对根的情意，是一个文化人对生我养我的故乡的寻根之举。

曾有人问大冯：你做这些事情，是否影响你的文学创作？

这是不言而喻的。为抢救老城文化，半年多来，他耗费了大量精力：筹款、卖画、组织采风，还有文联的、党派的、刊物的工作和繁杂的社会活动……但他特别赞成秘鲁作家略萨的一句话：作家的职责并不完全是写作，还要对整个社会问题、文化问题给予关注；而文学只是其中一部分，或一种方式、手段。

大冯称，深入生活不像有人理解的那样，是积累素材、寻找故事，而是积累对生活的感觉、捕捉生活的细节，如地理环境、时代氛围、生活百科，以及感触、情绪等。而这次采风，无意中为他的文学写作积累了很多感性认识，也是这座城市对他的一种回馈！

世纪的"定格"

　　新旧世纪交替之际,一位中国文化保护的呼吁者和践行者,收获了他的第一批果实。

　　这是1999兔年新春,人文荟萃的天津古文化街,出现了一次罕见的人文景观:来自这座城市东西南北的人们一大早就排起长龙,为的是购买由著名作家冯

天津解放路上的"戈登堂"
(钢笔画)杜仲华作

骥才主编的大型历史文化图集《天津老房子》。

一位中年妇女，被问到为何要买这本画册时说："我以前住在老城区，天天惦着住新房；现在住上新房了，偏偏又怀念老房子。翻开这本画册，我好像又回来了。"

更有趣的是，一位老者请大冯在画册上题写"给我的孙子"，问他孙子姓甚名谁，老者"扑哧"笑了："孙子还没生出来，就想让未来的孙子知道祖辈住在什么地方，住的什么样儿。"

图集的出版也惊动了海外。奥地利驻华公使在致冯骥才的贺电中说："您的行动堪称创举，它们对拯救那些值得保留的古建筑意义重大。"法国驻华大使毛磊在信中说："您作为一位著名的备受关注的作家，不辞劳苦地组织起一

天津解放路上的俄式建筑（钢笔淡彩） 杜仲华作

支富于才华的创作班子，完成了这一要求甚高的计划，对此我深表赞赏！""这些跨越历史长河而幸存于贵市的建筑，如今已成为人类共同的遗产，法国读者自然会深受触动！"

由大冯发起和组织、历时五载、有近百名专家学者和摄影家参与的天津地域文化采风活动，随着《天津老房子》之《旧城遗韵》、《东西南北》、《小洋楼风情》的出齐，终于画上一个圆满的句号。这是天津文化出版界一次意义深远的"文化行动"，是天津文化人在世纪之交奉献给生养自己的这片热土的一份沉甸甸的礼物。

天津意式小洋楼
（铅笔画）杜仲华作

《末日夏娃》与文化生态

大冯是位经常出新闻的焦点人物。他对媒体的吸引力，不仅在于他知识的渊博、头脑的睿智和反应的机敏，也不仅在于他不断推出的惊世骇俗的小说、散文和绘画作品，更在于他总是殚精竭虑地将自己的人生和美学理想付诸实践，为自己所热爱的故土和人民做出一个文化人所能做出的最大奉献。

大冯主编《小洋楼风情》封面

《末日夏娃》是大冯的一部充满哲理和警示意味的小说。他写这部作品，是因为他敏锐地意识到西方现代化进程中所带来的负面效应，包括环境问题，生态问题，资源问题等等。他认为高科技是"神"，给20世纪人类生活注入无限生机与活力；高科技又是"魔鬼"，给世界带来诸多不可克服、不可逆转的缺陷和问题。作为一个文化人，大冯更关注的是文化生态问题，即一座城市的历史文化遗存（历史文化特征、文化性格等）的保护问题。是否充分重视这个问题，是一个国家文明程度的标志之一。在国外时，大冯每到一座历史文化名城，如维也纳、柏林、罗马、新加坡，都认真考察当地城市保护的观念和措施。在罗马旧城区，一根坍塌的古罗马石柱都原封不动，并在地图上标明位置，任何人不得搬迁。文化，拥有着一种尊严！

过去，作家只提社会责任感，现在，大冯提出一个新概念：文化责任感——当整个社会在这个问题上尚未觉醒时，文化人应当"先知先觉"。

三个文化空间概念

大冯想让整个社会明白的是：一座城市不仅具有使用功能，还有其文化功能。

有人认为：城市保护与城市建设是一对矛盾。

大冯承认二者之间存在矛盾冲突。其一，从历史上讲，我们的前人创造了许多独具特色的文化，但因缺乏文化意识和保护观念，未对其进行认真考察清理；其二，任何城市的发展皆是线型的，不断更新的，但我们来得太突然，城改全面铺开，这在世界史上都是少见的。由于对居民住房欠债太多，使城建部门来不及考虑哪些建筑属于保护对象，便匆匆拆除了。

但这些矛盾不是不可化解的。否则，我们城市的文化特色、文化品格便会随着大规模城市改造而逐渐消逝乃至荡然无存。而历史是一次性的，不能复制和克隆的。

所以首先要做的是清理、规划工作，搞清楚城市的文化特征和品格，给城市主管部门提供准确的文化视点和保护目标。

那么，何为天津的城市文化特征呢？

过去，史学界、学术界对此认识模糊，不少人照抄书本，因袭前人的现成结论，认为天津城市文化特征分为本土文化和租界文化两大块。大冯经过近五年实地勘察，首次发现老城区与海河沿岸不属于同一种文化空间——老城文化为儒家精神所笼罩，严正整饬，具有中国北方古城那种规范化的特征；而老城之外的"宫南宫北，河东水西"，则表现为一种强悍好胜、生猛鲜活的"码头文化"。近年来许多影视作品中的"天津人"，表现的即这种文化形态中人。大冯的《三寸金莲》反映的基本是老城文化，《神鞭》则基本是"码头文化"。而"租界文化"，基本是一种受西方文化影响较多的上层文化，曹禺的《雷雨》、《日出》即以这种"租界文化"为背景。

"三个空间"的认识澄清了，也就把握了天津这个北方大商埠风格独异的人文背景、斑斓夺目的文化色彩和城市性格。这也是将《天津老房子》分为《旧城遗韵》、《东西南北》和《小洋楼风情》三部出版的原因所在。

大冯说，他给这个世纪的天津历史文化"定格"，留下一张"爷爷奶奶的照片"。

写一部世纪纪念作品

为这次围绕《天津老房子》而进行的大规模文化采风行动，大冯花费了整整五年时间。

大冯说，他有三项工作：一、写作；二、绘画；三、社会文化行为。现在，《天津老房子》大功告成，20世纪最后一年的主要精力要转移到写作和绘画上了。

1999年初，《文学报》邀大冯为该刊题写一句话，大冯写的是："希望每个作家都写一部留给这个世纪作纪念的东西。"

有两个题材在大冯胸中积蓄已久，呼之欲出：一个是关于"文革"的小说，另一个是"文化小说"。

五年来，大冯对天津地域文化进行了地毯式的、"掘地三尺"的考察，把生活"折腾透了"，因此比别人更理解这座城市之魂。那么，他会否写一部关于天津的系列小说呢？

大冯回答:"不会。我还是从大的历史文化和人生的角度,努力去揭示国民的文化心态。我动用的是我熟悉的生活和人物,但写的东西绝非天津地域文化所能涵盖的……"

例如"文革"中他个人的体验,若按当年的写法,则难脱"伤痕文学"之窠臼;仍是这些体验,经过"文革"和改革开放,不断观察生活,进行中西方文化交流,便会寻到更大的主题,有更深层次的思考。维克多·雨果《悲惨世界》的最大主题是"善是不可战胜的",冉·阿让表面看很软弱,却对生活有着钢铁般的信念;托尔斯泰的《复活》写的是如何清洗自己的灵魂和清洗的艰难,作家动用的是丰富广阔的俄罗斯社会生活。问题的关键就在于作家思维的视野和力度。

关于"文化小说",大冯想把他所关注的东西方文化的冲突和差异的问题,放在19世纪末最初开辟租界的一代西方人与中国人的接触来写。这是一个历史问题,也是将来的人类问题之一。

大冯认为,从文化的角度观察历史,研究问题,方可获得钱钟书所谓的"通感";而文化积累对作家来说是至关重要的。在这方面,为编纂《天津老房子》而进行的文化采风行动,给了他丰厚扎实的文学积累。他觉得有些以前特别想写的小说如今看来显得太肤浅了,因此欲变换一种思维、一个角度,挖掘一种独特的深度。他尤其欣赏毕加索的精神:不断否定自己,摒弃自己创造的形式,创造新的形式。

保持作家最佳状态

有记者写过一篇文章,题为《大冯牵挂多多》。的确,进入他那新古典主义风格的居室,恍如置身于一座精妙的家庭博物馆,书橱上摆的、墙壁上挂的、案几上陈设的,皆是中外名典,古今瑰宝,大到石雕造像、陶瓷瓦当,小到民间木板、铁艺烛台,每个物件都有出处,都能讲出一段娓娓动人的故事。

有时,你会觉得他像个千手千眼佛,眼观六路,耳听八方,广泛涉猎,兼收并蓄。他一手捏着文学之笔,一手捏着绘画之笔;一手抚弄老祖宗的文物古董,一手捧着从欧洲捡来的"洋破烂";一手指挥文坛各路诸侯……他的生命方式简直是个谜。

在大冯看来,一个作家的最佳状态表现有三:一、敏感;二、充满想象力;三、身体健康。这三条他都具备。所以,他虽"牵挂多多",却要有所选择:因为他已不再年轻,写作时间不会很长。他想抓紧时间,写他最想写的东西。当然,他也会忙里偷闲，作为身心的一种调剂，将他"憋"在心中的对绘画的新观念、新感觉尽情宣泄出来。他请作者参观他客厅走廊里悬挂的一幅近作："你看，这幅画中的景物不完全清楚，也不完全模糊。画面具有空间性，同时具有时间性；比如我们去看什么，有的时候它重要而清晰，有的时候就不重要而模糊……我想表现这种时间性。"听来有些玄妙，这，大概便是他新的"绘画语言"吧！他刚刚为人民文学出版社写的一本图文并茂的新书《画外话·冯骥才卷》已经收入一些这样的新作了。

1996年，大冯应邀为中央电视台一部文化底蕴很深的专题片《永远的敦煌》撰稿，之后便义无反顾地迷上敦煌学，以至著名敦煌学家史维湘断言："中国又出了个敦煌狂！"

那一阵子，他的书房里堆满敦煌学和佛教的典籍和画册。他的目标是：用海涅式的诗意的笔法，撰写一部深奥的前人从未触及的敦煌学中的宗教艺术问题。这是一个庞杂的、浩瀚的、十分令他着迷的、"一掉进去就出不来"的问题——"你看，那些美丽的妙不可言的敦煌壁画，在风格上与永乐宫的壁画完全不同，与印度、中亚和新疆的也不同。它既非舶来，又非本土，又非稀里糊涂的融合。它们为何不同？从哪儿来的？那些形象是什么？——我就写这个！"

敲响建城600年倒计时钟声

2004年,是天津建城600周年。600度春秋寒暑,600年沧桑巨变,这个"天子的渡口"以何种形象独立于世界城市之林,又将以何种姿态面对新的世纪?这,便是大冯构思的大型历史文化图集《文化天津》要回答的问题。

可以说,随着《文化天津》编委会的成立,纪念天津建城600周年倒计时的钟声已经敲响。

缘起于浓浓乡情

《文化天津》是大冯继主编《旧城遗韵》、《东西南北》、《小洋楼风情》之后,又一次大规模文化行动。

大冯,素以对城市历史文化遗存的保护蜚声中外。2000年,他应法国政府的邀请,前往世界名城巴黎考察访问,并将其独到的发现和见解洋洋洒洒写进即将出版的《巴黎,艺术至上》一书中。之后,他又应邀对山西境内的历史遗迹和民居保护进行考察。而他倾注心血最多的,无疑是他的第二故乡天津了。他生于斯,长于斯,对这里的一山一水、一草一木,都怀着一种近乎狂热的激情。

"适逢天津迎接建城600周年,作为一个文化界的知识分子,我觉得有一种责任感,要为我们的城市做点贡献,完成一项前人未做过的、开创性的工作……"

在大冯那静谧得有些神秘的充满浓郁文化氛围的书房里,他以一种学者式的渊博和缜密,有条不紊地梳理着他的思路。他说,有两个因素使他有充分把握开展这项文化工程,一是他对天津的历史文化遗存进行过抢救性考察,可以从宏观上把握天津的整体形象;二是他写过不少具有天津地域特色的小说,如《神鞭》、《三寸金莲》、《俗世奇人》等,擅长挖掘天津人的集体性格,而把握了这一点,也就从纵深上把握了这个城市的形态和灵魂。

将城市形象清晰化

大冯任总顾问的《六百岁的天津》封面

大冯对《文化天津》的定位是："非天津文化的总结介绍，也非历史资料的汇编，而是从文化学的视角来研究天津，是一部高难度的学术著作。"经常出国访问的大冯有一个痛苦的经验：在海外，人们一提起北京、上海，都有清晰的印象，而天津的形象在他们头脑中则比较模糊。"我要做的就是挖掘天津的形象，使之清晰化。具体说有三个目标：一、天津的文化形态；二、天津的城市文化特征；三、天津深层的文化结构。要实现这些目标，需要从横向和纵向两个方面，把天津形象的各个'点'找出来。横向上如地理形象、景观形象、市井形象、商业形象、语言形象等；纵向上分为'考古天津'、'文献天津'和'图像天津'三个时期。"

大冯特别强调，在横向上要选择最富天津特色的"点"，如天津的自然景观不突出，市井的饮食形象较突出；精英文化不清晰，市井文化和通俗文化较发达（如通俗小说、戏曲、曲艺、杂技、民间艺术等）。

在纵的方面，他赞成法国年鉴史学派的观点：一个地区的文化，在某个特定的历史时期里表现得最鲜明。例如，天津人的性格在清末民初时期表现最鲜明——随着西方文明的涌入，天津人既好奇，又排斥，又无奈，与上海人对西方文明的态度大相径庭。所以，大冯的许多小说都是描写这一时期社会生活的。

又如商业形象，大冯认为有两个时期最重要，一是估衣街时期，二是劝业场时期。至于天津的宗教形象，他认为最清晰的不是大悲院，而是天后宫——它与天津的漕运历史、年文化、市井生活和人们的文化心理息息相通，影响之深远，是其他宗教场所不可比拟的。"所以，这不是一本普通的历史书，而是一部文化学著作，其文化意义是第一位的。"大冯概括道。

装进三维立体的画面

"这是一部图集,一部通过直观的、形象的画面,把天津的历史文化形象树立起来,使外部人对天津一目了然,使我们对自己有一个清醒的把握。"大冯越说越兴奋,"所以希望老百姓为我们提供手头的有关图像资料,政治的、经济的、文化的、社会生活的,无所不包,如有关五大道、老城区、码头的市井风情照等。我们拟成立一个资料征集部,调动社会力量,内外结合,把天津版图上的方方面面、形形色色、三维立体的画面,都装进这部图集。这也是一部图文并茂的书,文字在其中起着提纲挈领的作用。基本观点都在我脑子里,最终要交给专家学者们研究、论证,充分发挥集体的智慧。总之,这部大型历史文化图集具有重要学术价值(文化学和城市研究价值),同时又超越了学术范畴,对延续历史文脉、保持个性魅力、清晰城市形象、促进天津未来发展等,都具有深层的意义……"

交谈时,作者在大冯寓所的一角,发现了一个从民间搜集来的木制马槽,里边装的不是喂马的草,而是一行排列整齐的工具书,旁边是一把疤痕累累的老掉牙的木凳,大概主人经常坐在上边翻看马槽里的书。看到作者迷惑不解的神情,

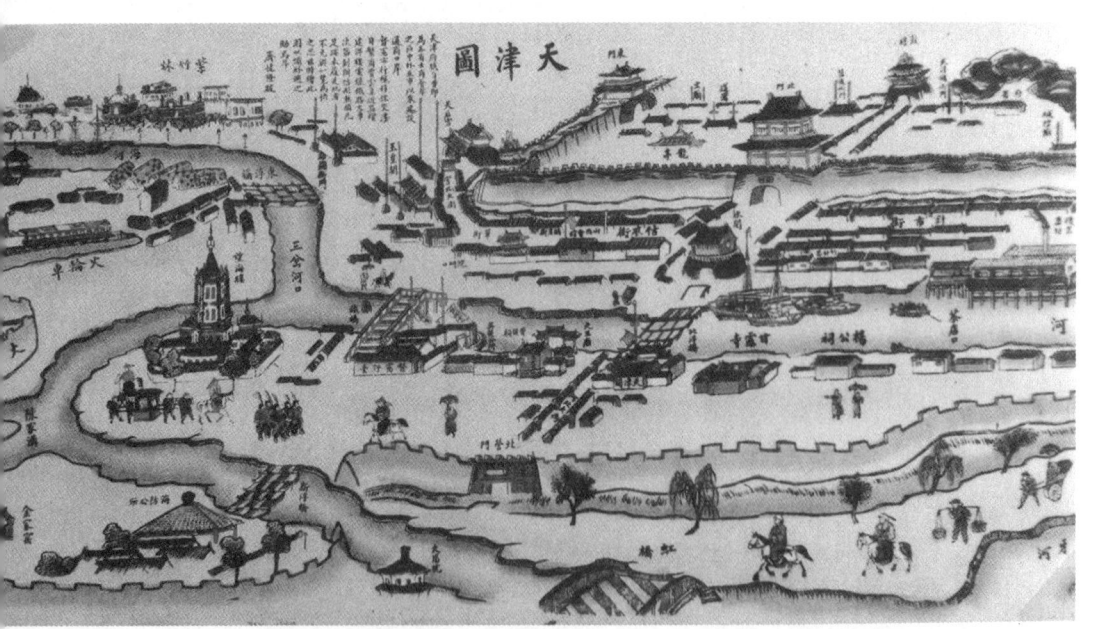

杨柳青木版年画《天津图》,描绘了近代天津老城厢和海河三岔口一带的地形

大冯笑道:"我是属马的,书是我吃的草料!"

哦,名字里有马,属相里有马,他其实就像一匹马,一匹处于生命的最佳状态,却并不志得意满,探索欲望愈发强烈的千里马,正扬鬃奋蹄,向更高的境界恣意驰骋!

天津历史上涌现出许多文化名人,其中最著名的是弘一法师李叔同

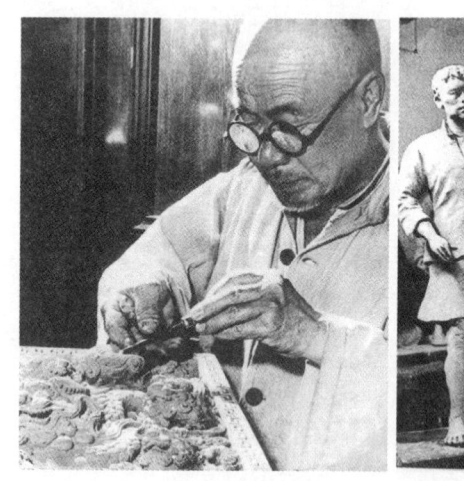

天津历史上多能工巧匠,最驰名的如泥人张、风筝魏、刻砖刘等。图为刻砖刘艺人刘凤鸣、泥人张第三代张景祜。

· 感受年味 ·

淡淡年意深深情
——关于"年"文化的对话

作者：大冯，过年好！除夕午夜给你打电话，怎么没人接？

大冯：嘿嘿，那会儿我到室外放鞭炮去了。

作者：噢？想不到你过年时还有这份兴致。

大冯：是呵，我每逢过年都非常带劲。但今年春节来得过早。我刚从北京开过画展，很累，有一大堆事务等着处理。到了年根底下，忽然觉得一点年意都没

进香

大冯与高跷艺人在一起

有。我急了,跑了三趟娘娘宫,又到西郊静海、独流、杨柳青等地的年集上采风,选购民间民俗用品。在那些兴致勃勃预备过年的老乡中间一挤,年意就来了。年意在哪儿?一是在自己心里,一是在相互之间,年意是相互感染的。大家都有兴致过年,你也就身在其中了。

作者:你想从过年中得到什么呢?

大冯:当然不是压岁钱(笑)。每逢过年,我都要把屋中西洋风味的陈设收一收,将应时的年节物品花花绿绿地摆出来。我把自己的画也统统摘下,换上珍藏的古版杨柳青年画。我想从中重温祖祖辈辈的生活方式,体验他们对生活独有而浑挚的情感,感受深藏在中华大地上深厚的文化底蕴与朗朗精神。每逢过年,我觉得土地是热的,民族这个概念变得更实在、更动情。

作者:我想,这可能是具有作家和画家双重身份的你,对"年"的一种偏爱吧!作家看问题总是有自己独特的视角。高尔基说过,"文学即人学",你能从人群中"挤"出年味,又从年味中体验到华夏文化的深厚底蕴;而在很多人看来,过年就是过年，甚至认为置年货、忙吃喝、放炮拜年劳民伤财，意义不大，所以主张淡化过年意识。

大冯： 在文化上看，古老的东方向现代的西方开放的初期，自己原有的文化必然遇到冲击。这是近年来传统的春节趋向淡化的主要原因，今年更为明显。外来的文化以先进的科学技术为载体，尤其现在中国人的家庭中年轻一代渐渐成为一家之主，他们对闯入生活的外来文化充满新鲜感和情趣；原因之二是人们的社会活动与经济行为多了，平时很累，加上现代人喜欢简便、快捷与舒适，不愿再遵循传统的繁缛习俗；原因之三是现代生活方式与工具渗透到年俗中，悄悄起到移风易俗作用。

比如电话拜年，免去徒步串门之劳；再比如央视春节晚会已成了大年夜最重要的节目之一。有一种说法：过年只剩下吃合家饭、放鞭炮和春节电视晚会三项内容。若去掉这三项也就没有春节了。

倘若依此想下去，真叫人有些担忧。但我认为，目前年的淡化是外来文化冲击和生活方式骤变的结果。如今，春节一半是过年，一半已成为一种文化了。现在社会发展的程度尚未达到从文化上认识年的精神价值。我想，待社会的文明与文化到了相当高度，会出现年的复兴。复兴不是复旧，而是从文化上进行选择与弘扬。

作者： 坦白地说，我也是主张淡化过年意识的。但听了你的一席话，我忽然觉得这"年"的学问还真不小。这其中既有民俗学，又有美学，社会心理学，中西方文化比较学。这些东西看起来有点儿玄秘，仔细思量与每个现代人都不无关系，只是，我们没有像你那样从理论上深入挖掘罢了。

大冯： 好，那我继续给你"挖掘"。新旧两岁更替，子午交时，即是过年。此时，冬去春来，万象更新，大自然四季开始新的一轮。中国是个农业国，十分注重节气；节气即收成，收成即生活。所以非常看重这个除旧更新的年。中国的年又在农闲期，火爆热闹的过年象征着生活的蓬勃与生命的旺盛。千百年来，一代代中国人创造出无数方式，使年充满情趣、快感与魅力，构成庞大深厚的年文化。在这年文化中，最深刻地、最淋漓尽致地倾注了中国人的民族精神与民族情感，最集中、最鲜明地表现中国人的凝聚力、亲和力、向心力和浓重的乡恋与黄土情。年根底下，身在异乡异地的人，背着几包当地土产，嘴上叼着火车票，挤上车，说什么也要在大年三十以前赶到亲人中间；拜年的时候，说吉祥高兴的话，不能找别扭，那种亲情和平时串门绝然不同。过年是人们自动搞好团结、加深人情的时候。中国的年是最有人情味儿的节日；中国人每过一次年，就深化一次我们民族的亲和力、凝聚力，也就是加强民族的生命力。所以聪明的政治家总是让人们过好年。中华民族五千年，几经异族入侵与国家沦亡之难，但最终竟将入侵的异族同化，消灭于无形，这就是中华文化的力量。任何一个发达国家在现代化及与世界交流的同时，都注重尊重传统，保护自己的文化，在这方面日本人做得既明智又成功。一个民族独有的文化就是这民族的根。淡化传统是自我消弱。我想，那些主张淡化过年意识的人应该研究一下我们的民族史，同时弄懂现代化真正的内涵。

作者：我有个感觉，天津人的过年意识似乎特别强。从腊八到正月十五，过了大年过小年，过了小年过元宵，不断有新内容，不断掀高潮，其他大城市好像年味不如天津。

大冯：的确，在北方大城市中，天津要算年俗最浓、年意最深的一个。原因很多，一是天津城市历史较短，三百年前的天津还像个农村的集市。农村的年俗强有力地影响着天津这个大城市的地方习俗。比如天津那么热衷于吊钱和花会，这在其他大城市是少有的。二是由于天津为码头发展而成的商埠，市民阶层大，百姓重实利，理想的目标既短又具体，生活要求很实在，这种心态就很自然地寄寓在各种年俗中。造成地方年文化的繁琐与浓郁、挥霍与火爆、过激与炽烈并存，地域特色非常鲜明。三是位于旧城东的天后宫是天津最早的"市中心"，三百年来也一直是天津人过年的中心，购买年货市场，也是天津地方年文化的源泉。这一地区对年文化起到固定作用。由于天津富于年文化浓厚的土壤，才使得杨柳青年画、易德元剪纸、天津皇会等民间艺术名扬四海。这些民间艺术反过来增强了年文化的魅力与持久力。至今天津人过年时，采买年俗物品和应时点缀都要到天后宫来。天津人仍在丰富自己的年文化。

作者：正如你所说，春节晚会已成为人们过年的主要内容之一。我曾与中央电视台春节晚会总导演聊过，他们认为，春节晚会采取现在这种茶座式、联欢式，是老百姓最乐于接受的形式，比较有年味和现场感。所以近年来虽然有人建议改变一下晚会形式，均未被采纳。不知你对今年春节晚会印象如何？

大冯：年年人们盯着春节文艺晚会。作为家庭消费文化的电视文艺，它和大年夜"合家团圆"、"吃年饭"很自然地融为一体，成为一种新民俗。今年的春节晚会各报评论不少，有贬有褒。我想，一是人们期望值过高，容易失望；二是春节晚会这种形式用到头了，缺乏创造性，缺乏想象力；艺术就怕不给人新鲜感，应从电视语言和总体设计上打开局面，只靠个别一两个好节目，只能升温不能升华。

作者：最近，出现了禁放鞭炮的舆论，我认为代表了相当一部分群众的愿望。

对此你有何高见？

大冯：鞭炮不是一种罪过，而是一种民俗，谈不到用"严禁"二字。民俗是被公众认可的、历代传衍下来的一种文化生活方式和民族情感方式。一旦这方式形成，便成了这个节日的象征。中国人在子午交时燃放炮竹除旧更新，如同西方人圣诞之夜狂欢一样，既是万民同庆，也是各自心情的渲泄。表达喜悦也好，避邪嘣"小人"也好，都是达到一种轻松，一种欢快，一种释放与解脱。深深的年意也融在其中。倘若大年夜隔窗望去，外边万籁俱寂，云天漆黑，那是一种什么感受？西班牙人斗牛充满风险，但西班牙人不会禁止这一风俗，这样的例子在世界上举不胜举。因为风俗浸透着民族的精神与情感。对一种浓郁地表现民情民意的风俗，最好不用禁令。一个民族的文化方式被戛然而止，恐怕也不可能。

作者：凡事怕走极端。现在人们在放炮的数量和响度上似乎存在一种攀比心理。这样攀比下去，弊端也不小。我认为应当限制鞭炮的生产。因为生产对消费起着一定的引导作用。

大冯：当然我也不同意鞭炮愈来愈大、愈响，像炸弹一样，容易伤人。在没有找到更好的方式代替传统习俗，是否可以做某些改良。如对鞭炮的质量上、种类上，放鞭炮的时间或地区上做某些通情达理的限定，同时普及一些安全教育？如果把中国的春节变成西方的年节，其损失恐怕更难估量。

作者：能谈谈你对未来中国这一传统节日的展望吗？

大冯：尽管近年来从表面看，年味和年意淡了，少了，但人们的民族情感还是在除旧迎新的时刻被重新焕发，传统的风俗还是复又重温。现在的困惑是，当春节及其风俗渐渐质变为一种文化时，既没有制造出被大众普遍认可的有魅力的新习俗取代旧习俗，又没有从文化的高度享受传统，享受祖先留给我们这份宝贵的精神财富；把过年从生活上的必不可少，变为文化上的必不可少。现阶段，我们的责任唯有珍惜传统和保护传统。由此，我对今年过年总的体会是一句话：淡淡年意深深情。

恢复传统节日记忆

"爆竹声中一岁除，春风送暖入屠苏。千门万户曈曈日，总把新桃换旧符。"

宋代大文学家王安石的千古名篇，生动描绘了古代人民欢庆新年（春节）的情景。古往今来，春节以及清明、端午、中秋这些传统节日，承载着中国人美好的希望与祝福，并被赋予特定的文化内涵和情感需求。但长期以来，由于种种原因（其中包括未被列入法定假日），一些传统节日逐渐失落、淡化，从而不能充分享受这些传统节日中所蕴含的民族情感和精神内涵。

近年来，作为全国政协常委的大冯，多次在两会上呼吁将除夕、清明、端午、中秋等传统节日确定为法定假日，引起各方的广泛共识。

为什么要将传统节日确定为法定假日，其意义何在？

传统节日有望放假

作者：听说近日您接受了央视两个名牌栏目的专访，主题就是如何看待中华民族的传统节日以及如何调整节假日的问题。您认为这是否预示着国家有可能将一些传统节日确定为法定假日？

大冯：没错。我认为这种可能性很大。说得乐观一点，我希望从明年除夕开始，我们就能享受改革后的第一个法定假日。记得十几年前，我就对你谈过春节燃放鞭炮的问题，你写了《淡淡年意深深情》发表在《今晚报》上，产生了很大社会反响。反响之一就是在全国多个城市严格禁炮的情况下，天津始终未禁，所以天津的年味也比其他地方要浓烈。

其实早在四五年前，我在全国政协会上，就有过《要重视节日建设》的发言。我的一个主要观点是：现在人们把节日和假日两个概念弄混淆了，认为节日就是放假，节日就是假日，长假就是黄金周。其实这是完全不同的两码事。假日是公民应该享受的休息的权利，比如公休日是法定的，不容侵犯的。节日虽然也放假，却有特定的文化内涵。如政治性、纪念性节日国庆节是人民表达对国家的情感和

天津人过年最火爆

抒发爱国情怀的,五一节是劳动者的节日。

而传统节日从古至今都被赋予各种特定主题:清明节是缅怀逝去亲人的;中秋节是祝福花好月圆人团聚的;春节的主题除了阖家团圆外,还有祈望吉祥、欢乐、平安、富裕等内容,表现了中华民族核心的价值观和终极的精神追求。

放假,恢复传统节日记忆

作者:谈到传统节日,其实中国人最重视的莫过于春节了。我知道,您个人有很深的年文化情结,年前下乡采风,除夕夜燃放鞭炮,对年俗的研究和践行乐此不疲。您在2007年两会的提案中,建议将除夕作为法定假日。是什么原因促使您提出这个建议的?

大冯:每年春节前我都有个习惯,或到乡下采风,寻找逐渐淡薄的年味;或到火车站看农民工返乡热潮。一个民族有一亿两千万人回家过年,反映了他们对春节具有多么炽热的情感和精神需求!有一次春运期间,我在车站看到火车已缓缓启动,一个迟到的民工从车窗往里爬,外边有人怕他出危险往下拉,里边又有一群人往里拽。后来外边的人索性不拉了,因为所有人仿佛一瞬间都悟到:回家过年的潮流是不可阻挡的。还有一件事,令人记忆犹新:上世纪80年代初,大年三十我下班回家,一家人忙乎年夜饭,忽然发现还少一瓶葡萄酒。我骑车出去买,但所有店铺都关门了。终于找到一家路边小店时,窗口已关上大半,里边透出一线光亮,我上前敲门,只听里边喊了一嗓子:"过年了,下班了!"我急忙恳求道:"大爷,我只差一瓶酒了!"话音刚落,窗门即被打开,递出一瓶酒,屋里炒菜的香味也随之飘出。我于是感到一种浓浓的人情味,彼此心灵一下子相通了。这种情感是其他东西所不可替代的。

我为什么提议把春节长假提前一天呢?因为中国的春节是从除夕开始的。大年三十才是除旧迎新、阖家团聚的黄金时刻。除夕不放假,人在工作单位,心思

逛逛年货市场

却在家里，闹得人心惶惶，感到年过得很紧促。而大年初五"小年"过后，已无多少民俗，初六、初七就变成了"垃圾时间"，让人感觉节日很冗长、乏味、疲惫不堪。如能调整到从除夕到初六放假，就好多了。

其他民俗节日如清明、端午、中秋，都应确定为法定节日。因为只有放假才能过节，才能参加节日的有关活动，才有节日气氛。总之，节日是一个民族生活的高潮和亮点，只有通过一定形式把这些节日主题充分体现出来，人们过年的愿望和要求才能得到满足，才能尽情尽意，达到过节的效果。就像人们春节一见面就彼此祝福的："过年好！"

有利于文化保护和凝聚人心

作者：如果国家调整节假日一定会深得民心。把传统节日作为法定假日，除了您刚才谈到的能满足人们过年的心愿外，还有哪些更深层的意义吗？

大冯：我认为还有两方面的意义，其一，有利于文化遗产的传承和保护。2006年，我国已将31个节日列为国家非物质文化遗产。其中包括春节、清明、端午、中秋、重阳、七夕，还有少数民族的火把节、泼水节、姊妹节等。一种民间艺术的传承主要是通过民间艺人自身，而传统节日的传承却是全民的传承，只有放假，才能恢复人们对传统节日的记忆，才能有效保护节日的民俗遗产。其二，有利于和谐社会的构建。因民族文化的终极目标是追求祥和。你看，所有的节日民俗不都是表现人与人之间、人与自然之间的和谐关系吗？一个国家文明转型期间，是应当把这件事做好的。这也体现了国家的文化眼光和对人们传统习惯的尊重，合乎民意，顺乎民情，大得人心，有利于增强中华民族的凝聚力、亲和力。

不赞成再搞黄金周

作者：如果我们把一些传统节日规定为法定假日，势必会减少黄金周长假的时间，您认为这对黄金周经济会有重大影响吗？

大冯：我不主张再搞黄金周。当时搞黄金周是为了刺激内需和发展旅游事业。经过几年的实践，已显示出其中的一些弊端。首先，黄金周变成了旅游节，节日的主题和内涵的文化情感则被淡化和遗忘；其次，这种旅游已变成了"批发式"和"粗鄙化"，到处人满为患，像个大超市，已无法体验奇山异水的自然之美和名胜古迹的特有气质，使游人无法得到任何感官和心灵上的享受和满足。同时，过于集中的旅游也对交通造成巨大压力，对历史名胜造成损害。我认为比较理想的方式，是带薪休假，把外出游玩的时间错开，这样更合理，也更人性化。

仅仅放假是不够的

作者：您认为确定传统节日放假，会引起年轻人的积极响应吗？现在的年轻人似乎更偏爱圣诞、情人节这类"洋节"。

大冯：我认为这并不冲突，因为它们不在同一个时间里。当然年轻人对传统节日的淡漠，有着比较复杂的原因，其中也包括有些传统节日不放假的原因。怎么办呢？只放假是不够的，还应在学校里进行有关中国民俗和节日方面常识的教育。还可请美术老师教学生做些民俗方面的手工劳动，既可加强他们对传统文化的记忆，又可变得心灵手巧。逐渐复活传统节日的固有魅力，在这方面，韩国的经验值得我们借鉴。他们将端午节"申遗"成功，我们曾感到失落和难以接受。我专程到韩国考察过，一看真了不得。他们在端午这天几乎倾城出动，在河边搭起帐篷，荡秋千，演戏，唱歌，摔跤，出售土特产品。整个节日习俗已完全韩国化了，与屈原已无任何关系。但重视文化遗产的保护，是他们"申遗"成功的根本。

过年，就是"过文化"

2008年鼠年新春，中国人美美地享受了列入国家法定假日的第一个除夕。作为除夕放假的热情倡导者，大冯欣慰地说，只有广大人民过好春节，从精神到心理都能得到充分满足，节日遗产才能传承下去，这也是最好的文化保护。

喜迎首个放假的除夕

除夕放不放假，这是一个很大、很关键问题。对大冯来说，这个除夕还有另外一层意义：《关于建议春节假期前挪一天的提案》是他在2007年全国政协会议上提交的。大冯说，没想到提案这么快就被政府采纳了："一个国家要改变沿袭了多年的法定节假日规定，绝非一件小事。这说明我们的政府在国家转型期，尤其是从农耕文明向工业文明转型期，对传统文化和传统精神的高度重视和弘扬。"

在大冯心中，整个春节期间，最重要的一天不是正月初一，而是除夕。只有除夕才有"守岁"的习俗，才能聆听新年钟声，燃放烟花爆竹，才有"辞旧迎新"的意味；只有除夕才能最深刻地体现春节的最大主题"团圆"——生命是按时光和岁月计算的，在一年中最值得珍惜的新旧交替的时光里，同根、同血缘的人们相聚在一起，枝叶相拥，根须相抱，温习往日的亲情，聚拢家庭的元气，美满祥和，其乐融融，试问一年中有哪一天堪与除夕相比呢？所以才形成了中国一道独特的景观"春运"，即使身在天涯海角，也要在除夕之前赶回家中与亲人团聚，即使遇到今年这样百年未遇的特大雪灾也不例外。

过年，就是"过文化"

过年要有年味，而年味越来越淡，也是常令大冯感到困惑的问题。

年味变淡有其正常的和必然的原因：中国春节是与农耕文化、生产节律紧密相连的；过完年，春耕即将开始。这种生活距离我们（尤其是城市居民）毕竟已

带"福"字的窗花是过年不可缺少的民俗装饰

十分遥远；加上移风易俗和现代通讯手段的发达，人情味和年味自然被稀释了。此外还有人认为，现在天天鸡鸭鱼肉，等于天天过年，那么过年还有什么意思呢？大冯说，其实不是这样，过去中国人生活贫穷，过上好日子是他们的理想；而只有过年时，这种理想才会变成现实（尽管只是短暂的"幻觉"）。今天当人们已经丰衣足食时，过年，应有更高的理想和境界。在大冯看来，当代人过年已越来越是一个精神的、情感的和文化的生活。

在精神上，首先是对年的一种体验，应用心感受年的内涵和精神。古人留下的许多习俗都是有深刻内涵的，如对天地的感恩之心（是天地即自然恩赐给我们生命和时光）；对先人的感恩之情以及对未来美好生活的憧憬等。年有四个主题：团圆、吉祥、富裕、欢乐，中华民族成百上千个吉祥图案，都是要努力表达这些愿望和理想的。

在情感上，始终过着群体生活的中国人，最美好的向往是人间的亲情与和谐，其中有对父母和长者的尊重和孝敬，有兄弟姐妹的手足之情，有朋友和同事之间的友谊，还有对家乡故土的依恋之情等等。人情味，也是中国人最浓重的年味。

在文化上，传统习俗中有许多过年的仪式，如祭拜祖先的庄严之美；大门上贴福字和对联的庄重之美；房间用窗花吊钱装饰起来的喜庆之美；还有各种吉祥图案组成的艺术之美。处处可见的大红颜色，体现着中华民族炽热和跃动的生命观、生活观。中国年文化的高潮是除夕夜子午交时的鞭炮，千家万户同一时刻燃放点亮夜空的灿烂烟火，交织成一道远非西方狂欢节可媲美的普天同庆的人间奇观。

春晚成新民俗还需20年

大冯在《年文化》一文中曾说，现在中国人的家庭中，年轻人渐渐成为一家之主，他们对时尚的和外来的文化更感兴趣，而对传统习俗则日益淡漠。那么，有无新的习俗可取代传统习俗呢？大冯说，那就只有春节晚会了。

为何春晚可进入中国年文化？因为它符合中国春节的三个特点：一、以欢乐为主题，伤感的东西不受欢迎，所以中国最著名的歌星、笑星基本都是被春晚捧红的；二、合家团聚式的，符合春节团圆的主题；三、播出时间跨越子午交时，符合中国人除夕"守岁"的习惯。但它也有一个先天的致命弱点：非参与性。中国

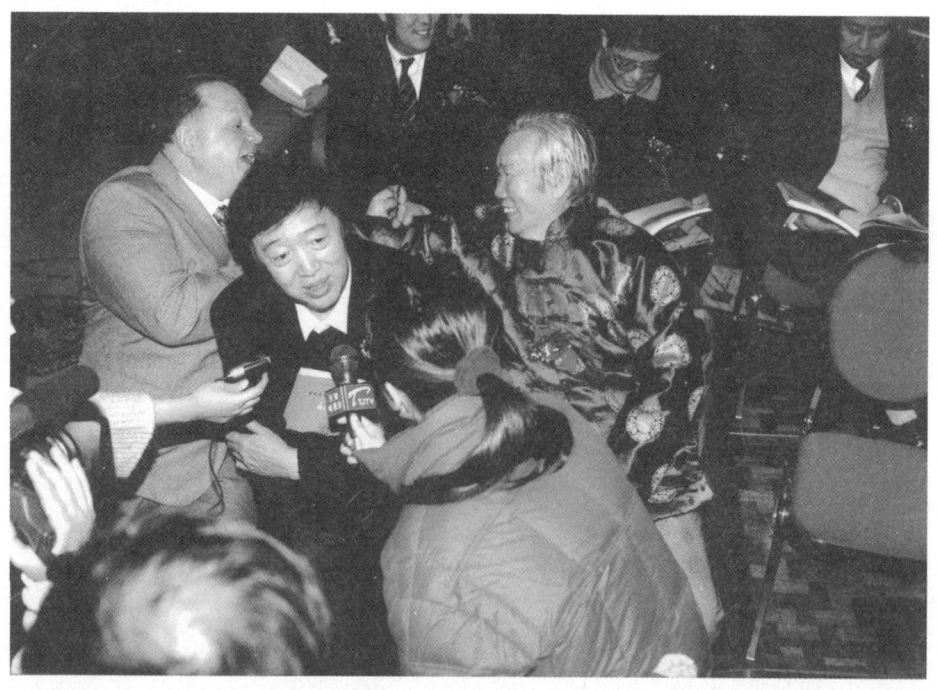

大冯每年年初六，都要与民俗专家聚聚

民俗的最大特点就是参与性。春晚能否进入民俗？还要看20年。由谁来决定？还要看传统看大众是否最终接受。如果春晚真的进入了民俗，那就是中国电视人对传统文化的一大贡献。

对近年来流行的手机短信拜年，大冯也有他的见解。他认为，短信从某种意义上说，确能起到拜年的作用，如一般同事朋友或不在本地的亲戚朋友，通过短信群发问候一下十分便捷；而且经过斟酌的短信文字表述，可能比口语的拜年更丰富、深刻一些。缺点是短信拜年的形式不像语言那样亲切，不利于亲朋之间的深度交往与感情沟通。他的意见，短信最好自己写，不用现成的套话，否则就成了敷衍。短信拜年能否成为民俗也需要再观察一段时间。或许今后还会出现更"新潮"的方式。

大冯的独特过年方式

在作者所结识和了解的名人中，没有哪一个比大冯更重视过年、也最会过年了。

作为一名文化保护学者，大冯对年文化具有一种浓烈得化解不开的情结。每年年前，他都要去乡下采风感受年味。2007年年前，他在山西清平寨集市上感受与百姓过年的氛围，看风里飘动的窗花，大姑娘小媳妇边购物边谈笑，一个大汉手托一大挂鞭炮远远走来……那浓浓的年意是城市里捕捉不到的。

作者造访那日，大冯正为90高龄的老母亲精心准备八样年货：娘娘宫的绒花"聚宝盆"、"石榴花"，是为老太太祝寿的，其他如鲜花美酒、茉莉花茶、鱼肉海鲜、干鲜果品，一应俱全。他说，努力让老人过好年，也是我们的传统。

大冯最重视的除夕夜，照例与家人团聚，祭奠祖先，吃年夜饭，燃放鞭炮；从初一至初四，他便躲到一个隐蔽之所，关上手机，产生一种"关门进深山"的感觉。在这个一年之中难得的清闲时光里，享受写作和绘画的乐趣，让想象和灵感之翼在自由的星空翱翔。"人的灵感是不期而遇的，但不能消极等待；你只有爱生活才能产生源源不断的创作灵感。什么是爱？你在找它时，它也在找你。"大冯谈起他新近发表的一篇随笔《灵感忽至》时如是说。初五，大冯还要邀集一批文人雅士在古文化街品茗聊天，畅谈新年新打算，聚拢天津文化精魂。初六，他照例要搞一次签名售书活动，他称之为"接地气"，"与我的衣食父母见个面，岂不快哉！"

挂幅年画便过年

大冯爱过年，过年时，又必定要在家里挂上几幅年画。尤其是杨柳青年画，画的内容虽与当下生活无关，却是在他脚下这块土地上诞生的民间艺术奇葩。欣赏它，也是对前人生活情感和审美情趣的一种"温习"。

2009牛年新春，大冯又做了一件深入挖掘本土文化遗产的事：由他主导的中国木版年画研究基地，联合今晚传媒集团《渤海早报》、天津博物馆等单位，共同主办了"以画过年——天津年画史展览"，展览盛况空前，大获成功，为即将到来的牛年新春，营造了一股红红火火欢乐喜庆的氛围。

年画展上说年画，大冯兴致勃勃，如数家珍。对传统民间艺术的挚爱之情，溢于言表。

杨柳青木版年画《莲年有余》

杨柳青木版年画《新年多吉庆、合家乐安然》

年与年画

春节，是中华民族的传统节日，是新一年的开始。回溯"年"的历史，大冯侃侃而谈："大自然春播夏种秋收冬藏为一个周期，周而复始，新旧交替的节点就是'年'。这是农耕社会逐步形成的节气。'年'也是一个情感的节日、理想化的节日。人生中有很多美好愿望：家庭的团圆幸福，生活的殷实富足，身体的健康与长寿，都会在过年时，通过一种形式、一种载体表达出来，如吃年夜饭、燃放鞭炮和互相拜年，久而久之，形成一种约定俗成的东西，这便是年俗。年是一年中精神追求的高潮，聚集着很多民俗，其中之一就是挂年画。"

年画始自何时？

大冯说，最早的"年画"，是从祭神活动开始的。祭神需要偶像，如祭祀天地，祈求来年风调雨顺；祭祀神灵，祈求国泰民安，都离不开可视的、绘画性的东西，即神像。最早的神像是"纸马"。古人认为，祈神时，神必到来，最快速度是骑马，所以古代许多神像都是骑马的。据一般历史记载，汉代已有门神。到了唐代，传说一次唐太宗做梦时，有恶鬼相扰，遂派秦琼、尉迟敬德两员大将守住宫门，将恶鬼拒之门外，后来就出现了流传至今的"武门神"。

北宋时期，市井阶层扩大，城市空前繁荣，《东京梦华录》详尽记述了当时城市的风物人情，而张择端的《清明上河图》更以细腻的笔触，真实描绘了东京汴梁的繁华市井生活和民风民俗。图中便绘有一家纸马店，专卖印刷的神像，说明北宋时已有年画，当时称"纸画"。宋代"纸画"发达还有一个重要原因：当时已发明了雕版印刷技术。"纸画"开始是手绘，是个人张贴或馈赠亲友的，宋代画苑中的画家如李松的《岁朝图》，实际上便是为贺岁而作的"纸画"。当更多家庭都想张贴"纸画"，手绘已不能满足要求时，印刷的"纸画"便应运而生了。

雕版印刷术的出现使纸画大为普及，使民间有了寄托年的情怀的载体，成为中国"年"文化的重要世象。经过明清两代数百年不断发展的历程，明代中末期相继出现了杨柳青、武强、桃花坞、绵竹、杨家埠、凤翔等民间木版年画产地，至清中期，才有了"年画"这一正式称谓，才形成千家万户过年贴年画的年俗。

大冯与年画

大冯爱年画，有个人兴趣所致，也有环境和地域的原因。

首先，大冯是画家，对各个画种皆有兴趣。

杨柳青木版年画《美人图》

杨柳青木版年画《高跷图》

其次，天津这座城市，年文化的味道十分浓郁，又有中国最大的年画产地杨柳青；

第三，大冯自幼便有一种仿佛与生俱来的、对即将消失的美好事物的眷恋心理，有一种欲紧紧抓住不放的感情。

譬如，当他还是一个刚刚踏入社会的小青年时，便做过天津砖雕艺术的调查。当时，他骑着一辆自行车，后车架上绑个木凳，背上一架破旧的海鸥照相机，到老城厢里遍寻青砖房上的精美砖雕，站在木凳上一一拍摄下来。又调查访问了"刻砖刘"等民间艺人，用笔记下城门楼子、老四合院中的影壁，弄清每个细节的名称、来历并绘制成图。不久前，大冯在他堆积如山的书籍资料中，竟翻出一幅上世纪60年代初，他调查整理出的一幅《天津砖刻分布图》，分布集中区域用粗线，分布较多区域用细线，分布稀少区域用单线……

当作者打趣说："看起来，您的文化保护使命，从年轻时就开始了！"

大冯爽朗一笑："这是一个搞文学的人才有的情怀。"

"以画过年"展览开幕那天，大冯与百岁国学大师文怀沙有过一次有趣的交谈。

文怀沙无限感慨地说，宇宙之大，时空之大，无论多么伟大或霸气之人，在它面前都是沧海一粟。所以，他很欣赏毛泽东诗词中的"怅寥廓，问苍茫大地，谁主沉浮？"。

大冯回应道，其实毛泽东的这种情怀，与苏东坡的"哀浮生之须臾，羡长江之无穷"有异曲同工之妙。

大冯认为，搞文学的人对宇宙，对人生，对即将消失的美好事物，都有一种惆怅和惋惜的心理。犹如古代英雄对美人怜香惜玉，惋惜美丽的容颜不能长驻，守不住的东西必然会消失，这是一种生命的情感。

正是怀着这样一种情感，每年腊月廿三"小年"前后，大冯都会背上个帆布包，到杨柳青镇及周边的唐官屯、独流、静海一带"淘画"。在这里，他邂逅了最后一代杨柳青木版年画传人王学勤、霍俊友，收藏了许多原汁原味、风格浓郁的杨柳青木版年画，从《莲年有余》、《农家乐》，到祭祀灶王爷的《全神大使》和民间推崇的《五大仙》。有一位农村老妪，专画"五大仙"。农民相信身边的五种动物——狐狸、刺猬、蛇、黄鼠狼和老鼠与人有关系，生活中人们遇到的许多麻烦，是因为不小心伤着了它们。所以"五大仙"有纳降避邪作用。老太太七十多了，每年只卖两幅手绘的《五大仙》，起初大冯全部买下；后来只挑一幅，为的是让别人也有分享的机会。

年画与天津

谈到天津与年画，人们马上会想到杨柳青年画，但大冯告诉我们：天津人在用木版印制年画之前，就用笔墨丹青手工绘制年画；在木版印刷渐渐衰落之后，又改用石印、铜版、胶版印刷的方法大量印刷年画。

天津人对年画，就像对自己身上的衣裳那样，一个季节一换，追求光鲜与时髦。

大冯将天津年画发展史概括为三个时期：一是古典时期（明万历年间至公元1903年）；二是改良与石印时期（1903—1949）；三是新年画运动（1949—20世纪80年代）。古典时期基本上是杨柳青木版年画的黄金时期；改良与石印时期是石印年画的全盛期；新年画运动则是专业画家从思想内容到艺术形式对传统年画进行革命性改造的时期。

在所有这些年画中，大冯最情有独钟的，仍是杨柳青木版年画。

中国的木版年画产地很多，历史上曾有"四大年画"、"六大年画"的说法，但最有名的是"南桃（桃花坞）北柳（杨柳青）"。

杨柳青年画起源于明朝万历年间,到清光绪年间已发展为驰名北方的年画重镇,一时聚集了众多知名画师和雕版艺人,杨柳青南乡三十六村,"家家会点染,户户善丹青"。据说20世纪初,俄国人阿列克谢和法国汉学家撒兰从北京来到杨柳青,看到这一景象十分诧异,说他们从来没想到世界上还有这种地方!

在艺术上,杨柳青年画细腻精美,典雅含蓄,绘画性强,是其他民间年画无法企及的,被大冯誉之为"工笔年画"。

之所以这样,是因为天津作为北京的门户,受宫廷绘画和文人画影响较大,从而造就了一批民间的丹青妙手。例如,清末杨柳青本土画家高桐轩,便因画艺高超,被"老佛爷"请到京城"如意馆",专为宫廷画画、雕刻、刺绣,制作各种小玉件、小摆件等,还为慈禧画过像。

在"以画过年"展览开幕式上,大冯的得意门生、央视主持人张泽群灵机一动,建议主办方之一、今晚传媒集团组织一次随报送画活动。在大冯的亲自策划下,《渤海早报》开展了"腊月廿八,早报送年画"活动,受到广大读者的积极响应和热切期待。在参考读者意见的基础上,大冯亲自选定6幅最典型、最具代表性的作品,作为牛年春节《渤海早报》赠送读者的礼物,并介绍了这6幅年画的艺术特色。

杨柳青年画传人现场表演木版印刷

《莲年有余》：杨柳青木版年画最具象征意义的作品，大胖娃娃代表了新的生活、新的生命，取莲花和鱼的谐音，寓意"连年有余"，画幅饱满，线条茁壮有力，人物形象生动喜庆，充满盎然生气。

《新年多吉庆，合家乐安然》：杨柳青木版年画代表作，历来最受百姓喜爱的题材之一，采用多时空的表现手法，描绘了阖家欢聚过大年的热闹场面，吃团圆饭、包饺子、放鞭炮、张贴窗花对联、相互拜年，一家老小喜庆和谐，其乐融融，年俗味道很浓。

《美人图》：杨柳青木版年画的典型题材之一，画中两位美人一坐一立，娴静温婉，背景的松象征"长青不老"，荷、瓶寓意"和平"。古人常用女性象征生活的美好，家庭的温馨和柔情，此图正满足了这一要求。

《武门神》：门神画自古有之，这幅《武门神》画的是唐代两员大将秦琼和尉迟敬德，为唐太宗夜守宫门，将恶鬼拒之门外的情景。后来传到民间，演变为祛邪迎福之意。

《高跷图》：表现了静海独流老镇过年时高跷老会出会的情景。北方农村地区过年时，有丰富多彩的民俗展示活动，如踩高跷、扭秧歌、小车会等，质朴酣畅，气氛火爆，表达了百姓对新生活的祝福与憧憬。

《五子爱清洁》：新年画时期的经典作品，作者是天津女画家张鸾，画中描绘的是杨柳青年画中常见的娃娃，又被赋予新的时代内容，教育孩子们讲卫生爱清洁，追求美好健康的生活。

· 异域行踪 ·

古罗马废墟上的东方人

　　古罗马废墟上走来一个东方人。一米九二的身材、儒雅的学者风度,不仅在黄皮肤黑眼睛的华夏子孙中鹤立鸡群,就是在这个自古崇尚体育运动的国度,也令人侧目而视。

　　他具有多重身份:作家、画家、文化学者……

　　他的艺术视角也是开阔的:从东方到西方,从历史到现实。

　　他便是国际民间艺术组织副主席、著名中国作家冯骥才。

从泰晤士河远眺英国国会大厦

艺术品商店是大冯最爱光顾的地方之一

据说，19世纪意大利画家最爱画的题材，是夕阳中的古罗马废墟。

当大冯置身这一特定氛围中时，恍若进入漫长的时光隧道，回到那个曾使霸业横跨欧、亚、非大陆的罗马帝国。

这是一部依然活着的历史，而非历史的零件、死鸟的零散羽毛、博物馆里的复制品——不妨说，整座城市就是一座硕大无朋包罗万象的博物馆。

在这座用石头筑造的城市里，到处是古都的残垣断壁（绝对不修复，以保存历史的"原汁原味"），到处都是雄伟博大的建筑和精美绝伦的塑像和雕刻。在古罗马斗兽场废墟上，经历了千年风雨侵蚀的碎石仍静静地躺在草丛中，从未被喧嚣的现代社会所惊扰。严格的法律制度和居民的文物保护意识使它们永世长存。倘若一座古建筑的砖石损坏了，还要用那个时代的砖石修补。修复一座城市宛如修复一件珍贵文物。

除去了罗马，大冯还去了另外三座文化积淀深厚的城市——佛罗伦萨、威尼斯和米兰；令他惊异的是，四座城市风格迥异，竟如四个不同国度！在佛罗伦萨，文艺复兴时期那弥漫着人文主义气息的斑驳清灵，渗透到每一条街道，每一座建筑中。而威尼斯流淌的诗意，更使人陶陶然流连忘返。他曾于黄昏的静谧时分，独步石子铺就的通幽曲径，观赏那旧式的铁栅、任其剥落的墙皮和一盏盏悄然亮起的古老路灯，细细咀嚼着达·芬奇的《最后的晚餐》、米开朗基罗的《大卫》、《母爱》，贝尔尼尼、波洛尼亚、巴托洛姆等大师的雕塑和提香、拉斐尔、波提切利、乔尔乔内等巨匠油画作品中的意蕴。

梵蒂冈的乌菲希博物馆。大冯从排队等候参观的长龙中间，迈开大步走了274步才到"龙尾"，排了一个多小时的队伍才进馆。数不清的(多达上万件)艺术大师的保护完好如初的原作，其精美和繁复的程度，令人瞠目结舌，艺术和文化的密度令人难以想象。四小时后，精疲力竭的大冯忍痛"逃"出博物馆！

这种身临其境的感受，是任何其他感知形式所不能取代和比拟的。他感到面前展开了一幅从古罗马到文艺复兴到巴洛克时代艺术史的鲜活画面。尤其是从中世纪罗马教皇禁锢下"复活"的艺术和人文主义精神，被马克思称为"需要巨人和产生了巨人的时代"，更令他热血沸腾、激动不已。因为他就站在两种艺术——从神到人的转换中间。中世纪的圣母画像千篇一律、呆板僵滞；一到波提切利，人的感觉出来了，变成了美的精灵；到拉斐尔，又变成有血有肉的世俗妇女，连皮肤的温度都依稀可感。而达·芬奇，集天文学家、物理学家、哲人、诗人和画家于一身，几乎无所不能，让人只能望其项背、须仰视才见的巨人风范，给后世留下无尽的深思与惶惑。

自90年代以来，大冯的足迹遍及欧、亚、美、澳四大洲——一次德国、两次奥地利、一次意大利、一次匈牙利、两次澳大利亚、一次美国、两次日本、一次新加坡。在这之前他只去欧美国家，只以作家身份。但近年来他往来于东西方，而且每次出访的身份、目的也不尽相同：或以学者身份考察讲学；或以作家身份以文会友；或以画家身分举办个展。

频繁的出访使他有机会耳濡目染色彩斑斓的大千世界、掌握大量可供研究的第一手资料。作家艺术家必须以独特视角看世界。无论走到哪儿，他都把搜集到的"菜"，放到自己的"饭锅"里。他的"饭锅"，亦即他准备研究的"点"（视角）——东西方文化比较学。

但是，他的研究又与其他学者不同。

大冯认为，以往的研究，切入点往往是东西方文化之间的差异，如东西方文化的"异"、中日文化的"同"。几年前，他本人写过一本《海外趣谈》，便是通过各种幽默风趣的小故事，寻找一个个"点"，揭示中西方文化的差异，如中国人多喜欢保险，西方人多喜欢冒险；中国人主要花过去的钱，西方人主要花未来的钱……如此等等。如今，他为自己确定的目标是"逆向"研究，即研究中西方文化的"同"、中日文化的"异"。

夕阳中的古罗马斗兽场（钢笔画） 杜仲华作

水城威尼斯（钢笔淡彩） 杜仲华作

　　此番访意，大冯发现中西方文化存在着大量的、神秘莫解的相同和相近之处。例如在关于天堂的雕塑中，仙女手中所持乐器，与敦煌壁画"飞天"手中的乐器有异曲同工之妙。古罗马多利克式石柱，中间稍有膨胀，有些柱形干脆演化为大力士，与中国唐代石柱"大力士"只是形象不同而已。在米开朗基罗设计的世界第一大教堂圣彼得教堂内，他还发现用大理石拼装的地板上，竟有类似中国古代八卦的图形！此外，中国佛教和西方《圣经》中的人物，背后均有光环笼罩……还有哲学的、美学的、宗教的、社会生活的方方面面，都有惊人的相似——我们不能不想到，罗马曾是"丝绸之路"西渐的终端！但有谁做过这方面系统性的比较研究？

　　大冯曾问一个日本人："如果张三比你强，你是否嫉妒他？"

　　日本人说："为什么要嫉妒？我要努力向他学习，把他的本事学到手，然后再

大冯给自己的《海外趣谈》所作插图

超过他!"

又有日本人问大冯:"你认为日本人最大的优点是什么?"

大冯回答:"日本化。"

大冯访日时,欲往东京郊外的迪斯尼乐园一游,日方陪同人员大笑——那是孩子玩的地方,你一个大作家去那儿干吗?殊不知,这正是大冯的研究课题之一:美国文化在日本是怎样被"日本化"的。

过去,人们一直认为中日两国是"一衣带水"的邻邦,两国的文化同宗同源,是母文化和子文化的关系。中国人到日本,不仅模样相似(在西方经常被混淆),连日常生活中使用的筷子、毛笔、灯笼、汉字乃至一些礼节、风俗亦如出一辙,因而很少对中日文化的差异进行比较。大冯认为,中日在民族精神和文化特质上只有表面的相似,骨子里完全不同。他说,日本在平安时代,不过用百十年工夫,便把中国的唐文化全盘端走,经过消化吸收,适合的保留,不适合的摒弃,变成日本的东西。

例如雨伞和团扇是中国发明的,传到日本后,聪明的日本人把伞的原理运用到扇子上,发明了折扇又传回到中国来。又如门,日本人把中国形形色色的门都学了,唯独留下拉门,适应其国土狭窄、空间宝贵的特点。日本家庭广泛使用的"塌塌米"及席地而坐的习惯,则源于中国汉代……无数的例子可以表明日本人不仅对外来文化的吸收消化能力很强,而且不乏民族自信心。他正把这一切观察

罗马的圣·玛丽亚教堂中的"真理之口",相传说谎的人把手放进狮口便会被咬掉

与研究写进一本新作《穿西服的日本人》中。

1981年,大冯在英国一家酒店进餐,陪同者中,有诺贝尔文学奖获得者威廉·戈尔登,这个小老头起初缄默无语,只顾吃自己的饭,后来终于开口问了一个问题:"请问冯先生,中国人为何用黑颜色作画(指中国水墨画)?"

大冯不假思索地答:"因为墨是一种语言。"

戈尔登先生一言不发,面无表情,大概觉得此话没什么意思。

大冯思忖片刻,又补充道:"因为中国人从不把画当真的。"他又举出若干事例,如中国戏曲舞台没有布景,环境和动作是虚拟的,观众可以在台下叫好;再比如中国画"画鱼不画水,画鸟不画天",水与天都借用白纸等等。

戈尔登听了觉得特有意思,连说,中国人的审美观太独特了!

很显然,西方人根本不理解中国文化,或者说,仅仅把它当成一种符号,满足其猎奇心理。

为何东西方文化长期隔绝,不能相互沟通呢?大冯认为,除了缺乏共同的历史和文化背景、"西方文化中心主义"作祟等因素外,还因西方人对中国文化有一

在古埃及法老雕像前

古希腊迈锡尼遗址中的狮门

种由来已久而又根深蒂固的误解。

1840年鸦片战争前后，中国社会处于最落后、最封闭状态，随着西方列强的入侵，最早来华的外国人中，有一批传教士，这些传教士回国后，大都撰写了有关中国的回忆录，被称为"传教士文化"。其中最有代表性的一本译成汉语，作者亚瑟·史密斯从西方人的视角观察中国，为中国人归纳出26条"国民性"：落后、愚昧、自私、麻木、爱面子、不卫生、缺乏公众意识等，没一条是好的。

大冯认为，这是一种霸权主义理论，是征服者为证明自己"正确"而产生的理论。中国的先贤们，如梁启超、孙中山、鲁迅、蔡元培等曾为唤醒民众，提出过"改造国民性"的口号。虽然他们在近代社会思想的进步方面功不可没，但客观上也印证了西方关于东方劣根性理论的合理性。我们在讨论"国民性"时，有两点必须注意：一、不能本质主义（"国民性"是可变的）；二、不能是西方的视角（遗憾的是，我们有些影片客观上印证了西方人的理论）。这也正是他研究中西方文化相同之处的动机——改变西方人对中国文化的传统观念，即认为东方对他们来说，是生活在另一个星球的落后、麻木、神秘的人群，批判其文化霸权主义和对中国文化的歧视。

从东方到西方，从西方到本土。大冯在跨越时空的探索中，感到了一种压力、一种责任。"未来的最大文化问题，仍是东西方文化的关系问题，中国与外部世界的文化关系问题。"大冯预言道。

中国历史上曾有何等辉煌的时代，漫长的"丝绸之路"横贯亚欧大陆，将先进的璀璨的华夏文化传播到四方，令世人仰慕。

现在，当中国进入开放的现代社会时，应寻找一种什么样的方式，使中国文化在世界上发扬光大，开辟中西方文化交流的现代"丝绸之路"呢？

1993年，大冯在日本21世纪展望研讨会上说："我认为未来世纪是东方文化的辉煌时代。"在他看来，西方人对世界的贡献已充分释放出来，而东方独特的世界观、人生观、生命观、哲学、美学、文化、艺术、民俗等，则犹如一只神秘而内涵丰富的宝盒，尚未被世界所"破译"和接受。

这无疑是一种机会和挑战。

大冯认为，中国文化走向世界，有几个必不可少的因素：一、对外开放的大门绝对不能再关；二、经济发展和综合国力强大到无人敢小觑；三、一大批有眼光、有学识的专家学者潜心研究，从现在起就开始工作。

他要让世界听到中国新一代文化人的声音，感受东方艺术的独特魅力！

好大的手指

依旧活着的空间

对每一个人来说,埃菲尔铁塔、凯旋门、巴黎圣母院以及收藏着蒙娜丽莎和维纳斯的卢浮宫,当然是被誉为"世界艺术之都"的法兰西之旅的首选目标。

然而1999年10月,当大冯应法国外交部邀请前往考察城市文化保护工作时,却更喜欢在弥漫着动人古典气息的老街和弯弯曲曲的小巷间徘徊,踩着被岁月磨光的凹陷的石子路,浏览着斑斑斓斓的百年老店和悠闲地坐在临街的咖啡馆聊天、晒太阳的巴黎人。

巴黎,有着浓郁的历史感、厚实的文化积淀和深入骨髓的人文精神。

初到巴黎,大冯伉俪受到主人热情接待,被安排了专车和翻译。原以为会下榻一个比较讲究的星级饭店,孰料,专车送他们到了一条狭窄的旧街,穿过一个古老的门洞,进入一家老式旅馆。旅馆内的"老爷电梯"只能容纳两个人,因此,

远眺塞纳河上的桥(钢笔画)　杜仲华作

大冯伉俪合影于巴黎最漂亮的大桥——亚历山大三世大桥

古希腊雕刻的精美令大冯流连不已

大冯夫妇只好自己提着行李箱爬上三楼的客房。令他们颇感意外的是，客房内的卫生间却是现代化的，豪华无比。旅馆内古堡式的地下室和会客厅内，亦陈列着昂贵的古董。

陪同的法方翻译问："冯先生，旅馆怎样？"

冯答："很有味道。"

翻译说："你住的是典型的巴黎的老房，你喜欢这样的房子我们特别高兴！"

这时，冯骥才明白了巴黎人的一个基本观念：现代化固然是美好的，在昔日的历史空间中生活则更合他们的口味——他们更爱自己的文化！

巴黎有一个古老的街区沃日广场，广场上花团锦簇，周围是一圈回廊式的古典建筑。尽管这里房价奇贵，巴黎人却以居此为荣——他们会有根有据地告诉客人：维克多·雨果曾在哪栋楼房居住；莫泊桑曾在哪间房里写作；莫奈曾在哪家咖啡馆与毕加索聊天……加上冯骥才参观的巴尔扎克故居、达·芬奇故居，仿佛每座老房子都在讲述着各自的故事；这些艺术的巨匠们走了，他们生活过的空间仍旧活着。

巴黎到处都是工地——不是盖新房，而是维修旧房。早在18世纪末，这里就有城市保护法；本世纪七八十年代，国家又颁布了文物法，规定在名建筑周围500米内不得擅自动迁，必须动迁的要经规划部门专家定夺。在阿尔斯纳尔馆——巴黎城市规划展览中心，冯骥才不仅看到巴黎市的历史变迁，而且通过电脑洞悉了今后100年巴黎的远景规划，包括每条区街、每个细节，如巴黎圣母院的未来格局。

法国人为修复自己的文物兴师动众，不惜血本。据说，他们维修凡尔赛宫一把椅子耗时一年；修复路易十六皇后的一间会客室竟用了30年！这间十几平方米的小屋，从墙布、家具到壁炉，均按原貌加以修复，而一小块原始的墙布被镶在镜框里悬于壁上，以表示他们对历史的尊重！

于是涉及一个"整旧如旧"还是"整旧如新"的问题。

冯骥才问法国文物局一官员，"整旧如旧"，究竟是哪个"旧"？

官员说，你的问题特别好。你的观点是什么？

冯骥才略加思索后答道，我主张用"减法"而不用"加法"，标准有三：一、修复损坏的部分；二、清理尘土、油烟、雨水冲刷的痕迹；三、清除对古物有害的细菌。

总之，"减"什么都不能将时间感、历史沧桑感减掉，使"整旧如旧"后的建筑或文物具有"审美的历史感"。

官员颔首称是："我们的观点是一致的。"

问到法国何以能斥巨资保护文化生态时，那位官员的回答意味深长："不错，我们花的钱是没数的，但赚的钱更多。法国有6200万人，每年到法国旅游的人数达6500万。比法国人口还多的人赚了钱来这儿消费，这是我们一笔永恒的财富！"

在现代化进程中，世界各国面临一个共同的课题：如何在大规模的城市改造中，保护其固有的文化生态。作为一个文化人，冯骥才近年来做了许多相关的呼吁和工作。他认为，与一些西方发达国家相比，我们城市人文的东西比较稀薄，如果我们不重视这个问题，再过20年，城市之间的特色便会趋同；而一旦其原有的风貌遭破坏，再恢复便不可能了。

他的观点引起西方媒体的关注。这也是法国外交部邀他访法，就城市规划、保护和维修措施进行交流的原因。

而文化交流的首要意义即在于相互启示。在法国，冯骥才不仅考察了"他山之石"，也向法国朋友介绍了中国的经验，特别是天津五大道、解放路恢复历史原

雨中巴黎，大冯拿摄影包当雨帽，像个道士，却自得其乐

貌的经验。在天津的发祥地之一大直沽，当一家房地产公司兴建住宅，从地下发掘出一些有价值的历史文物时，市长亲临现场视察，并很快做出决定，由市政府斥巨资收回地皮，保护这一难得的历史文化遗存。

法国友人说："祝贺你们，你们保护自己的文化，也是保护整个人类的文化。"

冯骥才说："世界各民族创造了自己独有的文化；文化虽不是共有的，却是共享的！"

法国友人又说："你们一定会找到保护自己文化的最好方法。"

冯骥才表示赞同："是的。每个女人都是最会打扮自己的。"

法国友人笑了。法国人天性浪漫，他们对这个幽默的比喻马上心领神会。

文化精神不可迷失

《哆咪咪》、《雪绒花》、《孤独的牧羊人》……古堡巍峨，绿草如茵，阳光明媚，一位金发女郎与一群可爱的孩子纵情歌唱……好莱坞经典名片《音乐之声》为我们描绘的奥地利和萨尔茨堡，是何等优雅美丽，令人心驰神往！

应奥地利总理府之邀，大冯在这个风景如画的音乐之邦进行了为期三个月的考察访问后满载而归。

说"满载而归"，是因为他不仅在头脑中装满有关异域文化的种种奇思妙想和切身感受，而且托运回几大箱重达60多公斤的采访手记、资料和图片。凭借如此丰富的素材，他计划在三个月内完成两部新著——《维也纳情感》和《萨尔茨堡

布拉格风光古朴又神秘

手记》。与他此前出版的《巴黎，艺术至上》、《倾听俄罗斯》一样，大冯将从一个东方人的视角，一个作家和文化学者的视角，重新审视欧洲文化在整个人类文化中的独特地位和无穷魅力，而这些对构建我们自己的历史精神和文化精神，是具有十分现实的借鉴意义的。

　　大冯在欧洲考察访问三个月，正值国内"非典"肆虐，这也无形中对他产生了某种影响。初到维也纳，大冯夫妇被安排在一座艺术家公寓，与之相邻的有捷克、加拿大和美国的作家，彼此虽语言不通，却相处融洽。孰料"非典"一来，大家再见面时，对方眼中则多了几分疑虑和戒备，匆匆打个招呼，扭头便走。这使大冯颇觉尴尬和好笑。当然，也有人十分友好和豁达。一次，大冯在维也纳大学参加一个学术会议，善解人意的校长先生不仅主动对大冯表示欢迎，而且说了一番令人感动的话语："目前中国正受到"非典"的袭击，我们为中国人民祈福，希望"非典"快快离开中国！"

　　或许正因"非典"肆虐，大冯比以前任何一次访欧都更深切感到自然、人文环

奥地利小镇（钢笔画）杜仲华作

大冯与阿尔卑斯山伐木工(铅笔画) 杜仲华作

境与人类生死攸关的相互作用。

为写作《萨尔茨堡手记》,大冯与这座因诞生莫扎特和拍摄《音乐之声》而闻名遐迩的世界名城进行了"亲密接触"——从大主教、市长到平民、手工艺人;从山脉、古堡到滑雪胜地,处处看到的是人与自然的和谐相处。

一次,大冯在一家露天酒吧悠然独酌,酒方入杯,一只美丽的蝴蝶便翩翩飞落酒盏,原来,它嗅到了葡萄酒的香味儿!在大冯下榻的饭店背面,他还偶然发现一辆私人轿车,车后安装了一副铁架,里面装满娇艳欲滴的鲜花!大冯当即拍下这个镜头,并对夫人感叹道:"世界上恐怕只有奥地利人,连车屁股上都要飘散着花香,多么热爱自然,热爱生活!"

大冯还观察到一个细节:奥地利城市里的垃圾箱是分七种颜色的,不同颜色的垃圾箱分装不同类别的垃圾——生物的、纸张的、玻璃的、金属的、塑料的……有一所幼儿园在教孩子扔垃圾时,一位小童将一纸塑包装的牛奶盒扔到纸类垃圾箱内,老师马上纠正他:"你扔得不对,要先把牛奶盒表面的塑料皮撕下扔到塑料垃圾箱,再把纸盒扔到纸类垃圾箱。"这样教育的结果,是萨尔茨堡周边的湖水清澈洁净,用水杯舀起便可直接饮用,真正的"零污染"!

还有一点令大冯感触很深:奥地利虽是一个高福利社会,但人们并不"拜金"、拼命挣钱,挣了钱也不存入银行或挥霍浪费;他们喜欢的是享受自然,享受生活,开车度假,呼吸乡野的新鲜空气,躺在草地上接受日光的沐浴。

在考察了奥地利的文化保护工作后,大冯得到一个重要启示:一座城市的历史和文化,是一种永久的经济增长点,是取之不尽用之不竭的宝贵资源。从精神的层面上说,在当今全球化形势下,一个民族的历史精神和文化精神万万不可迷失。

当作者问大冯,此次欧洲之行的收获对我们自己的文化保护有何借鉴意义时,大冯说,若不是"非典"的耽搁,他早该回来了,因为国内一大堆事情等着他去做——全国民间文化抢救工程、天津大学冯骥才研究院土建工程以及最令他牵肠挂肚的海河改造等。所以,出于一个文化人的社会责任感,刚刚返津,他就围着海河两岸跑了一圈,想赶快看看海河改造改得如何。

结果,大冯有三点发现和思考:其一,从领导到群众,文化保护意识进一步增强,如老城厢的杨家大院、华家大院、徐家大院等,均作为有价值的历史街区予以妥善保护;其二,在旧房拆迁中,又发现了一批重要历史建筑,如北门外的益德王家戏楼、一个晚清时期风格独具的"东安市场"和天后宫对面一座与1870年天津教案有关的育婴堂，对这些珍贵历史建筑应下决心予以保护；其三，个别地方拆迁不当，如20世纪初奥租界中一些巴洛克式建筑有的已被拆除，而这块街区正在规划建设奥式风情区，失去了原汁原味的奥式建筑，造假古董会有什么价值及吸引力？

　　大冯特别强调，塞纳河之成为世界名河，是因为它有亚历山大三世桥、巴黎圣母院、埃菲尔铁塔和卢浮宫，那是历史沉淀的结果，具有深厚的文化底蕴。我们的海河改造也要注意历史文化遗存的保护，唯其如此，才能激发人们的历史情感及文化自豪感！

解读达·芬奇

又是花红柳绿时，依旧春寒料峭。然而，一股浓郁典雅的文化氛围在这所百年老校中迅速弥漫开来，既熟悉又陌生的异域风情使人感受着人类艺术的无穷魅力。天津人，尤其是大学生们由衷地欢迎达·芬奇、米开朗基罗、拉斐尔等文艺复兴巨匠的到来，争睹他们的迷人风采，聆听他们铿锵的脚步声。

把达·芬奇请到天津的，是天津大学冯骥才文学艺术研究院院长冯骥才先生。2007年，意大利贝利尼博物馆第17代掌门人路易吉·贝利尼先生造访大冯时，表达了这样一个美好愿望，将馆藏的文艺复兴时期绘画珍品送到中国展出，以实现他的"做现代马可·波罗"的夙愿，这正中大冯的下怀——把浓郁的人文气息引进理工科大学。但大冯对此展能否成行仍有一丝担忧。原来，意大利绘画巨匠原作展在韩国展出后装箱返国途中曾遗失了两幅名画，其中一幅，即是本次展览海报上那位金发贵妇人的侧面头像、意大利画家福巴的油画《一对夫妇》。但贝利尼先生没有畏缩。他万里迢迢，如期将达·芬奇送到中国，送到天津。

令人难以想象的是，把达·芬奇等巨匠的49件作品安置到北洋美术馆的展壁上，竟花费了大冯整整四天时间！其间，他不仅每天工作16小时，而且每件作品都是他亲手挂上的！原因很简单，这些画太昂贵了：一方面是价值昂贵，仅米开朗基罗的浮雕《耶稣下十字架》，保险金额即高达7亿元人民币，相当于26幢冯骥才研究院大楼！另一方面，这些画作是人类宝贵的文化遗产，具有不可再生性，多年从事文化遗产保护工作的大冯当然比任何人更了解它们的价值。

开箱验画时，大冯手执放大镜，将每幅画都从头到脚细细打量一番，决不漏掉画中的每一处瑕疵、每一块残迹，并全部记录在案，与贝利尼公司共同签字。布展时，大冯需紧盯现场每一个工作人员与画作的距离，并亲手量尺寸、画草图；挂画时，又小心翼翼用自己的身体托住沉重的画框，由助手轻轻固定在预定位置上。那是一个个既紧张又亢奋的不眠之夜，每次布展后回到家中，他都彻夜难眠，生怕哪幅画固定不牢半夜掉下来。翌日晨，他进馆的第一件事，就是看看昨天挂

达·芬奇自画像

好的画有无闪失。展览期间,作者与大冯有过一次深度交谈。

对一座城市文化品位的检验

作者:大冯,刚才在门外见到一个也许只有在巴黎这样的文化之都才能见到的景象:排长队进博物馆。前年夏天我在罗马,就因行色匆匆没空排队,而与梵蒂冈博物馆的艺术巨匠失之交臂。这次您让大学生们足不出户就能欣赏到人类艺术的珍品,真是一件功德无量的大好事!

《哺乳圣母》 达·芬奇作

大冯：应该感谢贝利尼先生。因为欧洲的各大博物馆多是等着艺术爱好者前去"朝圣"，比如意大利乌菲齐博物馆中，波提切利的画就是永久地固定在墙上的。还有达·芬奇《最后的晚餐》、米开朗基罗的西斯廷教堂天顶画《创世纪》等都是无法搬动的。而贝利尼先生主动把画送来，需要多大的勇气和远见卓识呀！我之所以把达·芬奇请来，也是基于大学生们接受流行文化多、高雅文化少，尤其是接触人类文化史上的经典少。这些经典，不出国门是根本看不到的，出了国也未必看得到。让我感动的是，天津的观众尤其是大学生们，对展览表现出空前高涨的热情，每天参观者络绎不绝，北京、山东、内蒙古也有不少人专程来看。这是一次检验，说明我们这座城市的文化品位有了很大提高，这是值得庆幸的。也说明人们对高雅文化有一种饥渴。我们做文化工作的人正应该在这方面努力。

从人类文化史层面看达·芬奇

作者：我注意到，此次画展的参观者中，固然有不少美术界人士，而青年学生则占据了很大比例。俗话说内行看门道，外行看热闹，对这些从未接受过美术训练的学生来说，他们可能知道欧洲文艺复兴，知道达·芬奇、米开朗基罗和拉斐尔，却未必能深刻理解这些巨匠的艺术，所以想请您谈谈应从何种角度欣赏这些大师的作品？

大冯：展览一般有两种，一种是画家的个展，我们从中可欣赏他的技巧、意境、风格，还有特定的内容等；另一种是人类历史上沉积下来的艺术经典，就不能仅看这些表面的东西，而要看到它背后的东西。我认为，这次意大利绘画巨匠原作展要从两个层面上看：一是从人类文化史的层面，二是从西方绘画史的层面。

先说人类文化史这个层面。西方艺术史有三个发展巅峰——古希腊罗马时期、文艺复兴时期、印象主义时期。其中最伟大的是文艺复兴时期。为何这样说呢？因为古希腊罗马时期的艺术以雕刻为主，维纳斯、拉奥孔，人体结构既准确，又精美，但题材基本是神话中的女神和英雄。从公元4世纪到13世纪，即我们常说的野蛮黑暗的欧洲中世纪，西方艺术则被打上深深的宗教神学烙印，变得苍白、干瘪、呆板、概念，缺乏想象力和创造性。始于13世纪的欧洲文艺复兴，则旗帜鲜明地反对封建神学，在艺术上强调古希腊罗马的传统，在精神思想上则提倡人文主义，张扬和尊重人的个性。不仅画家、雕塑家这样，诗人、作家(但丁、彼特拉克、薄伽丘)也是这样。文艺复兴不只是一场空前的艺术运动，更是人类伟大的思想解放运动，是人的自我发现和自我革命。例如，这次展出的文艺复兴早期的画家安吉利科，画的仍是宗教题材，却把人的生命注入其中，笔下的圣母已开始具有人的灵气和情感了。一直到拉斐尔的圣母，完全是一个美丽、慈爱、安详又圣洁的母亲了。到了16世纪的提香，全部变成世俗化的肉感的女性形象。

这里我想重点谈谈达·芬奇。他不仅是艺术巨匠，同时又是自然科学家，发明过人类历史上第一架飞机，还精通数学、解剖学、地质学、兵器学，左右手都能写字，一辈子不停地转换兴趣点，可以说，他涉猎的所有领域都有建树，真是匪夷所思！从他身上，我们可以看到挣脱了中世纪封建神权的思想禁锢后，人类是如何重新发现世界，重新发现人自身的能力、尊严和价值的。这是一次伟大的思想解放运动，它影响了其后的社会发展和文化发展的走向。

从绘画史层面看达·芬奇

作者：您这样讲我们就理解了：为什么马克思热情称赞文艺复兴"是一个需要

《骑士》 达·芬奇作

巨人和产生了巨人的时代",理解了艺术的发展和繁荣需要适宜的土壤和条件,那就是社会的变革和精神的解放。从艺术欣赏角度上说,展览中的这些作品无不表现出大师们卓越的造型能力,无论风景、人物还是静物,结构准确,光感、空间感和透视感都很强,请您具体分析一下,从纯粹艺术的角度,我们应该怎样欣赏文艺复兴巨匠们的原作呢?

大冯:你知道,文艺复兴之前欧洲人是用研碎的矿物质原料和上胶水或蛋清作画的,它有两个致命的缺陷:一是颜色不能覆盖,一笔定乾坤,很难修改;二是颜色干燥后,便鲜艳不再。而15世纪油画颜料的发明,使绘画技术得到了革命性的改观。发明者是意大利北部的爱凡兄弟,他们用油调制出的颜料,不仅可以覆盖修改,而且历久弥新,大大丰富了绘画的艺术表现力。如这次展览中拉斐尔的那幅《巴蒂斯塔布道》,历经了几百年沧桑,还是那样鲜艳夺目。还有解剖学的应用。米开朗基罗曾从当时出土的古希腊雕刻《拉奥孔》中,学习古人的造型手法;但要更深入地理解人体结构,还须做一件当时教廷不允许做的事——解剖尸体。达·芬奇一生解剖过30多具尸体,把人体内部的结构把握得十分精确。这次画展中的《骑士》,骑士身上披的全是羊毛,但我们能够分明地感受到羊毛里遮掩的结构精准的人体。这使我们联想到他的代表作《蒙娜丽莎》中的手,被认为是"世界第一只手",它太柔软,太美了,连手的重量都可依稀感到。达·芬奇采用的是"薄雾法",这种方法能使画面产生一种朦朦胧胧的感觉。达·芬奇说"绘画是自然的儿子",他强调感觉,一是画家对事物的感觉,一是观众对画的感觉。这种主张使绘画具有生命感。因为生命是感觉到的。达·芬奇之后的16世纪,文艺复兴的重心已从佛罗伦萨转到威尼斯。提香长寿,活到90多岁,给后世留下了大量色彩缤纷的作品,这些用色彩语言说话的名画影响了欧洲其他国家的绘画,直至印象派。如果我们也读文艺复兴的历史,再来看这些画,就更可以认识到这些曾经推动着艺术史的每一个伟大的足迹。

非代表作,不影响艺术价值

作者:提到文艺复兴三杰,我们都知道达·芬奇《最后的晚餐》、《蒙娜丽莎》,

大冯亲自布展

米开朗基罗的《大卫》、《摩西》、《被缚的奴隶》和拉斐尔的《圣母》等，对这次展出的三杰作品，却有些陌生。这是否会影响这些名画的艺术价值和观赏价值呢？此外，展览中的有些名画，画幅很小，这是为什么？

大冯：应该说，三杰的传世之作数量不是很多，而且有些是附着在建筑上的，无法和很难移动。能拿出来的也就是这些了。在这次验画中，我发现达·芬奇的《骑士》是很随意地画在一个笔记本封皮上的，描绘了一个打猎归来一无所获而神情懊丧的骑士形象。米开朗基罗的浮雕《耶稣下十字架》，是祭坛上一件大雕塑的小稿，内中人物虽小，却很生动传神。拉斐尔的《巴蒂斯塔布道》，色彩对比强烈，画中一个戴帽子的男士就是画家自己，这是拉斐尔惯常的手法……总之，能看到大师们的非代表性作品已经很难得了，我认为这并不影响它们的艺术价值和欣赏价值。

这次画展的作品不是按时间顺序排列的，而是按空间分割成 A（大幅）、B（小幅）、C（中幅）三个馆。尽管如此，仔细观看每幅作品前的说明文字，你仍可大体把握文艺复兴时期绘画艺术的发展脉络。至于那些小幅的油画作品，它们有的是宗教画，有的是室内小装饰，还有的是画在柜子上。

当今时代还能产生艺术巨匠吗？

作者：文艺复兴时期的艺术巨匠像一座座高山，令后世景仰。但这些高山是否就不可逾越了呢？您认为在当今时代还能产生新的艺术巨匠吗？

大冯：本次展览开幕式上我讲了一句话：在商品经济时代，一切文化都被商业改造了，我们还能产生巨人吗？恐怕很难了。因为商业需要的是"超女"、是明星大腕，是不断变换形式变换手法从消费者口袋中掏钱，把一个巨人摆在那无钱可赚。商业改变了人类的一种传统精神——对永恒的追求、美的追求、真理的追求。而我们通过让艺术巨匠走进大学，让学生免费参观，就是为了让他们了解什么是真正的艺术，什么是真正的经典，什么东西是最值得珍惜的。

・甲子壽宴・

昔日入故里鄉
情憧滿懷十
年成一夢不
墨再歸來

壬午 鐵平

大冯回乡摆"寿宴"

2002年3月,宁波。

阔别十载,属马的冯骥才千里迢迢,载着他的一车书画和书籍,回宁波老家省亲来了。于是,浓烈得如甘饴似醇酒的乡情、亲情、友情,便伴着他鹤立鸡群的身影,弥漫在古老的天一阁藏书楼、慈城的百年老屋、书店门前等候签名的长龙以及中学校园、电视台演播室等每一处他与故乡"对话"的地方。

当有人问他"冯先生,您此行有无遗憾"时,大冯风趣应答:"我最大的遗憾是没有遗憾!"

感谢上苍,感谢大地

早春三月,江南名城宁波阴雨连绵。3月28日清晨,冯骥才甲子省亲画展即将开幕,雨仍无停歇的迹象,而此刻,大冯却显得胸有成竹——因为他有过类似的经历,每次都是在关键时刻"拨开云雾见日头"。果然,上午8时许,滴滴答答的雨点声停歇了,铅灰色的云层中渐渐透出一片蔚蓝。大冯的运气真是势不可挡。开幕式上,大冯情绪激动地对宁波老乡说:"我们从沙尘暴肆虐的北方来到家乡,听到、看到的一切都是美好的,包括天气,真得感谢上苍,感谢大地。一般人开画展,是在家里画了拿到外边展示;我是在外边画了拿到家里来展示!""我于甲子之年回乡省亲,是在生命的源头回报生命的源头。所有艺术家的画展都是一种艺术行为,唯有我的这个画展是一种情感行为。"他的讲话激起全场会意的笑声和掌声。

"冯骥才甲子省亲画展"共展出大冯的绘画、书法作品68幅,用中、英、法、西班牙等文字出版的图书120种。与十年前相比,冯骥才的近作内涵更加丰富,形式更趋完美,笔墨线条之间,涌动着一种浩荡、昂扬之气。例如《豪情依旧》、《春天的形态》、《光之美》、《秋天的风采》等作品,寓情于景,借物咏志,表达了画家对人本的关怀,对生命的感悟以及对绘画"散文化"风格的一贯探索。

"冯骥才甲子省亲画展》海报

《十年成一梦，千里再归来》（书法）

从政府官员到平民百姓，从耄耋老人到天真孩童，从街谈巷议到媒体传播，无不对大冯其人其画其言其行表现出异乎寻常的热情。他们唱着《祝你生日快乐》为大冯送上特制的生日蛋糕；他们把最优雅动听的越剧唱段，送到大冯夫妇耳畔；他们向大冯提出一个又一个问题，希望从他那里找到解决问题的钥匙……大冯也出于强烈的社会责任感，对家乡的文化保护问题发表了许多精辟见解。3月30日晚，在宁波电视台《周末聊天》演播室，大冯滔滔不绝地畅谈了两个半小时，而主持人准备的10个问题只问了6个！

我也喜欢鲁迅小说

文化底蕴深厚的宁波人，喜欢大冯的画，也喜欢他的小说。3月30日下午，当大冯来到位于繁华商业街的新华书店签名售书时，门前早已排起数百人的长龙。

大冯的画作《思乡》

在将近两个小时的时间里,大冯"马不停蹄"地为拥趸逐一签名。《巴黎·艺术至上》、《画外语》、《俗世奇人》等600多册新著,迅速被抢购一空。其中,有些十年前请大冯签过名的读者,特意把纸页已发旧发黄的《一百个人的十年》带来,请大冯再次签名。一位30岁的公司职员抱着一摞大冯的书对记者说:"我虽未经历'文革',但冯老师让我读懂了那段历史,并教会了我如何做人。"

最令人感动的是,一位读者捧着一本《鲁迅小说选》来到大冯面前,工作人员上前阻拦说:"对不起,这不是冯先生的作品,不能签名。"大冯却和颜悦色地从读者手中接过《鲁迅小说选》,然后在扉页上写道:"我也喜欢读鲁迅的小说",既巧妙地化解了矛盾,又满足了读者的愿望。在大冯看来,读者就是作家的"上帝",他们是为我捧场来的,不论有何要求都应尽量满足,对家乡人更应如此!

"祝你生日快乐！"

夫妻双双把家还

　　大冯此行大获成功，得益于主办方宁波经促会，得益于他手下几员干将，也得益于他的"知心爱人"顾同昭。

　　在家乡考察、省亲时，记者发现大冯每到一处他感兴趣的地方，都要回身从前簇后拥的人群中寻找妻子顾同昭。顾大嫂是一位知书达理的贤内助，不喜欢热闹，所以总是远远地跟着他，"像看护一个幼儿园的孩子"。平日里，顾大嫂不仅要照顾大冯的衣食起居，还兼任"贴身秘书"。有时，她早上一睁眼便接受大冯布置的"任务"，常常忙到11点钟还未吃早点。这次出门，她最担心大冯累病——"他一病倒，还不都是我的事儿！"话虽这么说，其实是心疼男人。您瞧，就连大冯身上的夹克因为右肩挎着摄影包而被扭歪了，她都得上前为他拉正；大冯饭后牙齿上粘了韭菜叶，一笑像少了一颗牙，她也赶紧用牙签为他剔除。难怪宁波人夸赞顾大嫂："真是我们宁波的好媳妇！"自然，大冯也是"性情中人"，对妻子和同行的儿媳、孙女呵护备至。在梁祝文化公园凤凰山，大冯伉俪挥锹铲土，种下一株"爱情树"，让他们历久弥坚的爱情扎根于故乡的沃土中！

触摸到自己生命的根

3月31日,冯骥才"衣锦还乡",到祖籍宁波江北区慈城镇考察省亲,并接受了当地政府发给的"冯骥才祖居"房屋产权证书。慈城是浙江省历史文化保护区,历史悠久,人杰地灵,自唐代以来出过进士519人,状元5人;当代更有周信芳、秦润卿、应昌期、冯骥才等名人,享誉海内外。

大冯一身蓝色土布华服出现在慈城镇。他首先考察了当地别具特色、保存完好的百年老屋,询问了古县城保护和开发计划。在被媒体记者和乡亲们挤得水泄

孙女,你也上来——"冯骥才甲子省亲画展"开幕式上

衣锦还乡

到家了!

大哥大嫂，你们好吗？

不通的故居里，大冯动情地说，回到祖居有一种特别的感受，仿佛触摸到了自己生命的根。这是一种难以言喻的莫名的情感，也是一种最深刻的情感。"这房子是我爷爷当年盖的，是我父亲的出生地。1989年，父亲去世，母亲的悲痛长久拂之不去，我做的第一件事，便是在山东她的老家开了一个画展，然后又带母亲回到父亲的老家，让她触摸了父亲的那段依然'活着'的历史，终于使母亲从痛苦中解脱出来。我想，这就是故乡的意义，历史的意义，也是我们今天致力于保护先人创造的历史文化遗产的原因所在。"

　　大冯认为，这里的人民很儒雅，很尊重自己的文化，且有情有义，无论走到哪里，都眷恋故土，竭力回报家乡养育之恩。与十年前他首次回乡慈城尚"藏在深闺人未识"的境况不同，此次他深为当地政府和人民的文化眼光所打动，觉得她已"出落"得楚楚动人。

　　所以，当大冯接受了镇政府发给的"冯骥才祖居"产权证时，当即表示：他要回报家乡人民的厚爱，捐出此次画展的收入，把祖居重新翻修，布置上祖父时代的家具及自己的书画作品和书籍，让慈城的老人们在这儿下下棋、聊聊天、作作画，享受一下文化休闲的乐趣，好好保护当地的文化传统。

掀起你的"红盖头"

慈城，宁波近郊一个小镇，多少年来"藏在深闺人未识"，2002年3月29日却成了公众关注的焦点。

这一天，山清水秀、古韵犹存的小镇迎来一位远方来客——1.92米的魁梧身材，一件深蓝色中式粗布夹袄，使自发聚集在民主路161号门前的乡亲们一眼便认出了他——"大冯，大冯来了！"等候已久的小伙子们，兴冲冲点燃了两挂大红鞭炮。"噼里啪啦"的脆响震耳欲聋，呛人的硝烟在里巷间迅速弥漫开来。随着大冯夫妇及儿媳、孙女一行的临近，人群中爆发出一阵热烈的掌声。身着一袭袭红旗袍的俊俏姑娘们，则把鲜花送到大冯伉俪怀中。

"回来了，我又回来了！"大冯抑制不住内心的激动，一把抱起四岁的小孙女妞妞，指着墙上的门牌说，"妞妞，这儿就是咱们的老家，你老祖生活过的院子！"

年逾古稀、鬓发斑白的两位老人迎出来了，他们是大冯的堂兄冯涵才和老嫂子。大冯亲热地拉着他们的手，嘘寒问暖。在老人居住的小屋里，大冯饶有兴趣地翻开一本像册，从一张张颜色已发黄的老照片中，辨认着在世的和已故的亲人们。涵才还取出他的一卷国画作品请大冯指教。

在青草满地、翠竹摇曳的庭院里，大冯回忆起爷爷讲的一个笑话：当年，爸爸常在村里的一片竹林后面解手，一不小心就会被突然长高的竹笋扎了屁股。爷爷还说，那时的家乡一半是马路，一半是河流，交口处还有一座小桥叫五马桥。桂花盛开时，不时有花瓣飘落，被人扫到河中。于是，一河花瓣散着沁鼻的幽香漂流而去，如诗如画，美不胜收。

美好而遥远的记忆，使大冯对故乡产生了一种浓烈得化解不开的情结。他出生在天津，不会说宁波话，笑称听起来像法语；但自从十年前他首次回宁波举办省亲画展之后，宁波便成为他魂牵梦萦的地方。90年代，宁波小百花越剧团数度莅津演出，大冯不仅场场观看，题词祝贺，还以拍卖画作所得十万元作为独家赞助。更有趣的是，北方长大的他，一直最喜欢吃宁波特产的水磨年糕和苔菜。他

马到成功 —— 大冯与家人合影于东钱湖南宋石刻群

的"大树画馆"中的3名工作人员,两名都来自宁波……

因此,当媒体记者问大冯,你的60大寿为何要到宁波来过?你的画展第一站为何选在家乡举办时,大冯深情地说:"我们都生在这片土地上,是她给了我们生命,给了我们营养和水分。我们就像植物一样,要开很多花,结很多果,才能回报生命的源头,回报这片土地……"

十年前,大冯首次回乡时,觉得慈城人杰地灵,文化遗存深厚,只是"藏在深闺人未识";而今,她却"出落"得楚楚动人。宁波的领导很有文化眼光,定制订了慈城古县城保护与开发规划,立志在三到五年内,将慈城打造成独具魅力的"浙东第一古镇"。

作为始终关注着家乡发展的家乡人,大冯闻讯后自然喜出望外,萌生了再次回乡举办画展、省亲考察的愿望。"我知道我的人生到了一个甲子,我怕我退缩,不再开拓进取了;我渴望我的生命仍保持一种张力,于是就画了一幅画来试验,画完我特别感动——觉得它比以前更具一种浩荡、激昂之气。我为它取名《豪情

属马的大冯对马总是情有独钟

依旧》,并配上一个金色的画框,象征自己到了一个金色的年华……"

过去时代的知识分子常常哀叹"生不逢时",大冯则认为他"生正逢时",各方面的才华均可尽情施展,无论文学、绘画、书法、抢救民间文化,只要他想做的就都能做。加拿大前总理特鲁多曾对周总理说过一句话:"世界上最理想的社会,是使人的潜力得到充分发挥。"这句话给大冯留下深刻印象。他觉得自己已接近了这一人生境界。此次"衣锦还乡",大冯最想做的还是为家乡未来的发展贡献一份力量。

大冯做的头一件事是,花费大半天时间专程到几十公里之外的慈溪市家具古玩市场,在从民间收集或仿制的成千上万件明清及近代旧家具中精挑细选;用此次画展卖画所得款项,为即将重新按历史原貌修复的祖居配备了全部家当:书柜、条案、八仙桌、太师椅、雕花窗扇……市场里古色古香的雕花檀香床品类繁多,大冯却不为所动,因为他的祖居不是陈列馆,摆上一张奢华的雕花木床意义不大。他要将祖居配上祖父时代的家具,挂上老照片和书画作品,书柜里装满各种书籍,为村民创造一片文化气息浓郁的休闲娱乐空间。

第二件事是迈开双脚实地考察,摸清慈城及其周边地区历史文化遗存的现状。

在慈城,大冯在一俞姓百年老屋里,发现主人将自家的雕花木格窗保护得完好无损,十分高兴。他轻轻摩挲着木窗上细密的裂纹诙谐地说,这些裂纹都是自然形态的,犹如一张布满皱纹的老人的脸,不能抻平,抻平便无历史感了。他认为,残缺也是一种美。在意大利,如果一座古老的石头建筑坍塌了,人们决不会随意移动,因为是"历史的手"将其"推"倒的。大冯说,古建筑的剥落、开裂、残破,都是历史的痕迹;如何"整旧如旧",保持原汁原味,是一个值得仔细研究的课题。

大冯在参观了全国重点文物保护单位——东钱湖石刻群·史渐墓道中的南宋石刻像后,深感震惊。其中一尊文官像,其衣纹有一种下垂感;脸部的雕刻细腻而富质感,让人直想用手去捏他的面颊。据大冯称,这是他迄今看到的"最好的石刻"。

梁祝凄婉的爱情传说源远流长。在鄞县梁祝文化公园,大冯见到他题写的一

我陪爷爷来签售

惊讶——多美的罗汉!

首七言诗"千古佳话万古传,此情犹然在人间,每见彩蝶双飞舞,梁祝翩然到眼前"已被镌刻于碑林中,颇为得意地与夫人顾同昭在石碑前合影。他还冒着蒙蒙细雨,与顾大嫂一起挥锹掘土,种上一株"爱情树"。当公园负责人告诉他树的编号为"276"时,大冯笑道:"这是我们爱情生命的编码。"

在公园负责人向大冯颁发"梁祝文化公园艺术顾问"荣誉证书后,大冯向当地媒体发表了感想。他说,我们民族历来有自己精神、情感和道德的操守。一个民间故事能流传这么久远,有这么多优美的剧种剧目,有这么多地方建有梁祝墓(尽管许多是"克隆"的),无不证明我们已建立了一种民间的有关爱情的信仰。忠贞,恪守爱情的最初誓言——这才是真正的爱情。从梁祝化蝶到牛郎织女天河配,我们的古人多么浪漫,多么富有想象力!善于将爱情(尽管是悲剧)理想化,又将理想现实化,这是中国人的独特创造,也是我们的一种文化模式。我们应当保存它,维护它,弘扬它。

第三件事是在调查研究的

基础上，大冯参照以往的经验，与慈城古镇保护与开发的规划设计者、同济大学教授阮仪三"对话"，确立了城市历史文化保护的一些基本原则和理念。

　　大冯和阮仪三一致认为，一个城市的特征，往往不表现在单个的文物性建筑上，而是表现在大面积的历史街区中。例如北京的历史文化特征除了故宫和颐和园等国家建筑之外，最具特色的还是它成片的四合院。目前大规模的城市改造中，要特别警惕和避免修缮性破坏和旅游性破坏。中国人主张"旧的不去，新的不来"；但我们许多新建筑里所表现出的那种浮夸，那种罗可可式的享乐主义却是不可取的。因为我们的钱袋还不够鼓，真正享乐还享乐不起来，真正豪华又未到那个地步，像巴黎的凡尔赛宫那样。于是，我们的豪华不过是一种"简易的豪华"。

　　大冯和阮仪三还指出，我们过去只看到城市的使用功能，却忽视了城市的个性和城市的精神价值。城市的性格是那里人们生活的理想、个性和审美一代代积累和创造出来的。如果把芝加哥的摩天大厦搬到佛罗伦萨，城市的性格就要变味。因为我们从未确认过城市的个性，所以城市建设就乱了套，庸俗的伪文化便泛滥成灾（在一些旅游景点尤甚）。可喜的是，像慈城这样的小镇尚保存着历史的格局和风貌，这是一笔珍贵的文化遗产，一定要谨慎从事。首先要确立其文化个性，其次要做好建筑和人文的保护，为子孙后代多留下一些具有考古价值、历史见证、城市记忆和可供欣赏、满足其精神需求的东西。即将告别故乡时，大冯向接见他的宁波市委书记黄兴国表达了这样的愿望：把慈城做成修复历史文化遗存的一个经典，待连结上海和宁波的杭州湾跨海大桥落成时，他将再来故乡，一起掀开慈城的"红盖头"！

· 天大的事 ·

大冯"天大的事"

这是一座造型奇特的建筑,你很难具体描绘它的形状,其外檐色彩也是并不醒目的水泥原色,但当你接近它时,那巨大跨度的直线,方框式外墙,和一个微波荡漾、卵石铺底、金鱼游弋的人工水池相映成趣,别有洞天,一股清新幽雅的人文气息扑面而来。

耗时三载,建筑面积达6000平方米的冯骥才文学艺术研究院,无疑将成为中国最著名的理工科大学之一——天津大学的一道亮丽风景。就在作者探访那天,出自大冯的"大树画馆"和本市几家私人博物馆的奇石、文物、精美的艺术品正源源不断运抵,按照大冯的总体构想安置于大楼内外,使一个个空间即刻充满艺术的灵气。于是,你不得不发出由衷的慨叹:在这个世界上,似乎没有他想做而做

天大冯骥才研究院落成典礼现场

天大冯骥才研究院揭幕仪式

不成的事!

"天大的事是我天大的事"

"让理工科大学闪烁人文的光芒",这是天津大学领导的期盼,也是大冯的一个梦想。所以,当校方邀请大冯在天大创办冯骥才艺术研究院时,双方一拍即合。

那是新世纪之初,一个春寒料峭的日子,单平校长陪大冯在天大选址。走到太雷路毗邻青年湖的一块开阔地(当时是篮球场)时,阳光明媚,清风拂面,大冯顿生一种"有山有水"的感觉,不觉脱口而出:"把这块宝地给我吧!"而单平亦答应得十分爽快:"好,那我们就拍板了!"

校领导的胆识和气魄令大冯非常感动,所以,在2002年冯骥才艺术研究院奠基仪式上,大冯说了一句既俏皮又是发自肺腑的话:"天大(天津大学)的事对于我,是天大的事!"

为了"天大的事",在冯骥才艺术研究院工程施工期间,大冯几十次到现场勘

大冯与老友邓友梅、姜昆、韩美林、赵文瑄等在一起

察、策划，还做了大量文案，对未来研究院如何最大限度地发挥"人文之光"的作用，提出了一整套构想。

"帮助小鸟学会运用自己的翅膀"

冯骥才艺术研究院的建筑形式和风格，对画家出身的大冯来说，也是马虎不得的。

由谁来设计这座充满艺术幻想的建筑？举棋不定间，有人毛遂自荐来了。他叫周恺，曾留学德国，是一位有才干的青年建筑设计师。大冯与周恺有过数度交往。上世纪90年代，大冯到德国一所大学演讲时，周恺曾在现场聆听并获益匪浅。不久，周恺学成回国，担任天津估衣街拆迁改造的设计师，主动请教大冯如何在老城区改造中，保护历史文化遗存。

面对周恺的请缨，大冯连夜撰写了一篇文章《对一座建筑的向往》，阐述了他对这座建筑从设计理念到使用功能的总体构思，包括人与自然的关系、文化与建筑的关系等，请周恺拿回去研究参考。三天后，周恺兴冲冲来电说，图纸设计出来了！大冯当即请他到大树画馆商谈。"那天的情景，让我想起赵丹拍摄电影《聂

名人与大学生们

耳》时的一个细节,"大冯告诉作者,"当时,他让我看一张,往地上扔一张,扔得满地都是图纸,可见他对自己的设计是多么激动和得意……"大冯承认,周恺的设计与自己原来的想象"完全不同",但他的构思确实"很厉害"。他说,甲方应当支持建筑师完成他们自己。与此同时,他突然想到:将来我怎么教学生?只要学生有才华,我们就应成就他,而不是用自己的想法去改造他。

后来,教育部门请大冯题字时,他意味深长地写了这样一句话:"大鸟的责任是帮助小鸟学会运用自己的翅膀。"

"在浓郁的文化氛围中放射人文理想"

"建筑是凝固的音乐",周恺设计的冯骥才艺术研究院主体建筑便具有音乐般的节奏感和美感。

从外观上看,它最独出心裁之处是设计了两面与楼高相等的外墙,用结构主义绘画手法,在墙体上留出一些大大小小的方洞,不同时间,阳光投射在建筑外檐上的投影亦不同,从而产生不同的形象和光影效果。这种现代主义风格的设计,具有典型的工业化色彩。与此同时,它又与院内的水池、奇石和木板路等自然景

研究院大厅入口处的"辟邪"

研究院院落里的明代白楼

物相得益彰，凸显了现代工业与自然元素的完美融合。它在建筑装饰上的另一个理念是现代与古典的融合，即用现代风格的建筑，古典主义的艺术品做装饰，诸如清代门楼、明清家具、石佛、铁钟等，均占有一席之地。从使用功能上说，它拥有"大树画馆"和"北洋美术馆"两个美术馆，一个藏书30万册的北洋人文图书馆，一个报告厅（大冯将其命名为"北洋书院"），一个电影放映厅和一个层高达十余米的共享空间，在那儿可以开音乐会和进行时装表演……

"在这样一种氛围中，放进去我的人文理想，特别合适！"大冯踌躇满志地说。

在大冯看来，中国的理工科大学存在两个问题，一是封闭，"内向"；二是重理工，轻人文，轻精神。为此，未来的冯骥才艺术研究院要面向社会，举办各种艺术展览活动、座谈交流活动，并采取法兰西学院的方法，请专家名流演讲，潜移默化地影响学子的心灵，开拓其人文视野，培养其人文情怀，形成一个强大的文化"磁场"。

"我只研究别人没研究过的问题"

与一般纯文学作家不同，大冯才华横溢，涉猎广博，他是从一个"文化人"的角度，来确立自己的研究范畴的。未来的冯骥才艺术研究院，将成立三个研究中心：文学研究中心、艺术研究中心和文化研究中心。

文学研究中心首先要进行新时期文学

研究院里有一面"名人墙"

的研究,从伤痕文学、知青文学、寻根文学到实验小说,整体地理清其发展脉络,填补这方面的研究空白。艺术研究中心将目标锁定两个重点项目:一是文人画,二是敦煌遗画。大冯强调指出,敦煌遗画一直是敦煌学的研究对象,但2000余件敦煌遗画大都流散海外,从未有人认真研究。这些遗画皆宋代咸平五年之前的作品,非常珍贵。过去常书鸿、张大千的研究主要着眼于敦煌壁画,而研究案上的敦煌遗画,则是大冯的一个夙愿。文化研究中心的研究项目,与大冯正在进行的民间文化抢救工程紧密相关,他欲通过带研究生的方式开展系统规范的民间文化研究整理工作,在此过程中培养专门的研究人才。

大冯的研究院尚未正式开学,却已利用近两年的"打游击"时间,培养出第一位研究生——央视主持人张泽群。他的主攻方向是城市文化学,毕业论文为《塑造城市灵魂》。大冯鼓励他将论文内容充实提高后出版一本书。大冯在维也纳大

与莘莘学子在一起

学演讲时,东方系主任魏柯林向他提出一个问题:"冯先生,我们西方学者撰写的论文可读性都比较强,为什么你们的论文总是很枯燥、没有阅读性?"大冯思忖片刻答道:"照我看来,关键还是个人文背景问题。西方学者的论文注重阅读,比如恩格斯的《自然辩证法》,有的段落像诗,充满想象力。而关于论文的写作也将是我们的一个课题。"大冯希望他未来的研究生们都能用有生命的情感写出有生命力的文章来,接受社会的检验。

还有一件事令大冯很伤脑筋:在他第一年招收的研究生中,大多未过外语关。这使他困惑不解:中国的国际地位日益提高,联合国文件也增加了中文版本。外国大学生可以不学中文,我们为何把英文作为一道门槛,将一些优秀人才拒之门外?齐白石会英语吗?梅兰芳会英语吗?这并不影响他们成为大师啊!

"枝乱我不乱,从容看万条"

2004年下半年以来,大冯做了四件事,每件事都堪称"重量级"。一是筹办全国民间文化抢救首批成果和启动杰出民间艺术传承人项目;二是成立民间文化基金会,通过义展义卖自己的绘画作品筹集到200万基金;三是编纂出版了国内首部

大冯著作的部分外文译本

全彩印16卷《冯骥才分类文集》；四是筹建天大冯骥才艺术研究院。除此之外，他还参加了全国"两会"等诸多会议，接待了川流不息的来访者，并到全国各地考察民间文化抢救工程……一个人精力再旺盛，如何打理这千头万绪的工作？

听到这样的疑问，大冯得意地笑了："我这么多年做事，习惯了一种平行的工作方式，有点像杂技里的转盘子，齐头并进；哪个盘子快停了，拿棍儿转两下……"

上世纪90年代，大冯作过一幅画，画的是一群人抬头观望从上垂下的条条柳枝，题款是："枝乱我不乱，从容看万条"——他始终保持这种心态，心静如水，宠辱不惊，一心一意做自己认为值得做的大事，从不理会和计较那些纷乱繁杂的枝节问题。

谈到今后的打算，大冯坦言，他是一个"立体人"，有很多面——文学、绘画、文化、教育，他不断变换自己的角色，总是在各种思维之间游走。他画过一幅画，题目是《思绪的层次》。"有一天，我在屋里做形而上的思考。忽然我觉得在思考问题时大脑的状态极佳。一个思维伸展出去，突然被另外一个思维挡住或覆盖；而新的思维线索又分出若干枝杈。一个枝杈消失了，又一个枝杈生发出来。而这思维之间有很多空间，若隐若现，透着光亮，我在不同思维的变幻中感觉很美，真是一种难得的享受!"

　　这就是大冯。永不枯竭的才思,对生活的澎湃激情和对事业的不懈追求,使他年过六旬依然年轻。他将在天大这个新空间里奏响他人生的华彩乐章!

·田野考察·

不能放弃的神圣使命

2008年5月28日14时28分,是一个震惊世界的时刻。那一刻,美丽的"天府之国"发生了百年不遇的特大地震,天摇地动,瞬间毁灭了无数鲜活的生命,也毁灭了崇山峻岭中古老而迷人的羌族文化。在闻风而动的救灾大军里,有一支专家学者的队伍格外引人注目,他们在北川这个羌族聚居地,冒着危险展开调查工作,为的是抢救危在旦夕的羌族文化。为首者即是大冯。大冯在北京人民大会堂举行的全国抗震救灾英雄表彰大会上接受表彰后,与作者进行了一次交谈——

大冯在紧急保护羌族文化遗产调研会上

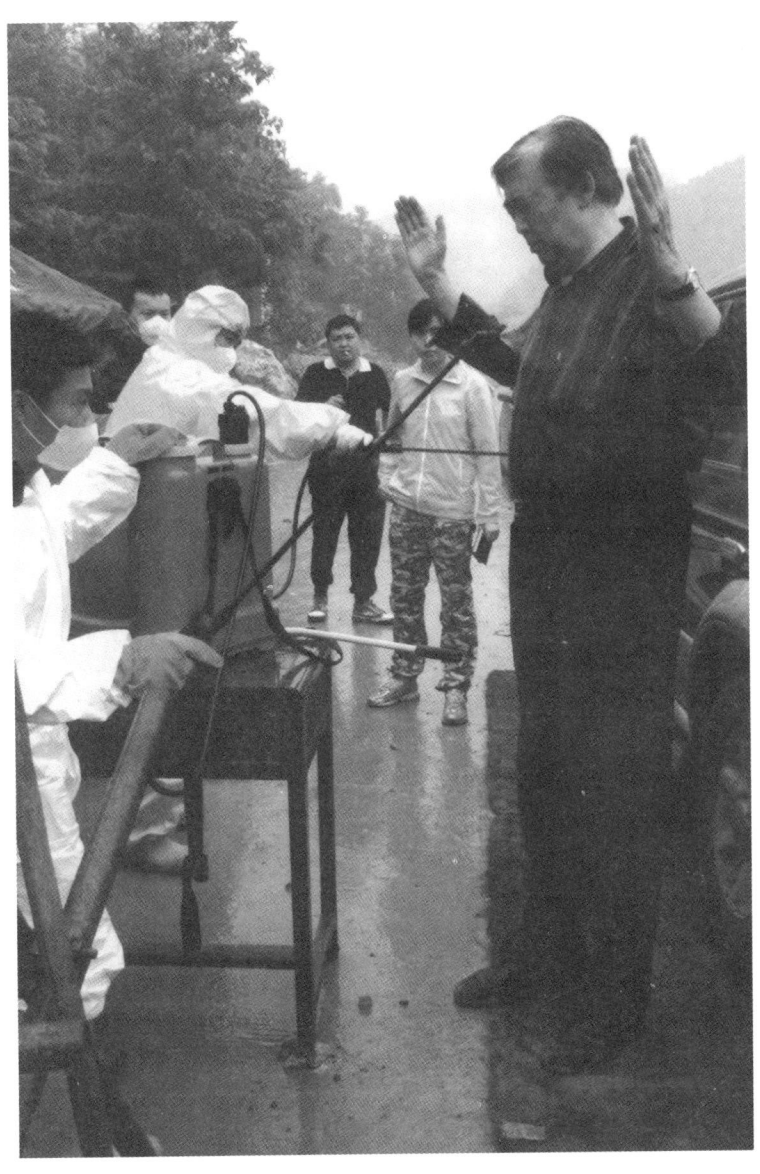

在北川地震灾区
"消毒"

我只是文化界一个代表

作者：发生在2008年5月12日的汶川大地震，是中国人民久久挥之不去的巨大心理伤痛。您正是在这举国悲痛的时刻，在第一时间提出建立汶川地震博物馆，并冒着余震的危险前往"大禹文化之乡"、也是受灾最严重的北川考察，提出抢救几近毁灭的羌族文化的。您的行动表现了一个文化人的社会良知和责任感。请

向遇难者致哀

问，您作为一个文化人，与抗震救灾的一线英模人物一起受表彰，是否有其特殊意义？

大冯：面对表彰，我只是文化界的一个代表。这次汶川大地震后，文化界、文博界动作很快。许多专家学者奔赴第一线。他们在尽力尽快摸清遗产（特别是羌族文化）震损情况以及抢救方面做了大量和细致的工作，而且做得很出色。这次受表彰的应是整个文化界。这也体现了党和国家对少数民族文化遗产及其保护的关切与重视。

作者：汶川大地震发生时，您正随全国政协主席贾庆林在欧洲访问，听到国内发生地震的消息后，您的第一反应是什么？最担心和牵挂的是什么，采取了什么行动？

大冯：大地震发生那天，访问团正在斯洛文尼亚首都卢布尔雅那。得到消息后，我感到极其震惊。身在海外，心已飞回祖国，飞到四川。当时，从电视上可以不断得到伤亡人数直线上升的消息。人在外边而家里出事，心中的焦急无以言表。晚间，贾庆林主席接见我国驻斯使馆人员及华人、华侨、留学生代表时，神情沉重。当他开口说到汶川地震时,忽然声音哽咽,泣不成声,半天讲不出话来。我们的领导人和人民是心连心的。当时大家都很动感情。我尤其惦着这几年重点进行文化抢救的绵竹,不断地往家里打电话,打听北川的情况,并叫家里设法先给绵竹送些钱去。

民族精神在灾难中激发

作者：您为什么要建议建立汶川大地震博物馆,其意义和迫切性何在？这一建议见诸媒体后,从中央领导到普通民众都有哪些反应？您从这些反应中得到了哪些启示？地震博物馆目前的筹建进展如何？

大冯：在日常生活中,我们不是时时都能感受到我们民族的精神吗？特别是在充满竞争的市场经济条件下,有时还会因感受不到这种精神而茫然。但中华民族是伟大的。在巨大的压力下,我们民族的精神反倒被激发出来了。万众一心、患难与共、舍己为人、一方有难、八方支援,这些古老的话语全变为现实,变得有血有肉有光彩。但是怎样才能把这种精神的高度与境界保留住？博物馆是个最好

地震废墟惨状

大冯与羌族民众亲切交谈

的方式。但是,博物馆必须依靠大量实物性的细节。例如,现场大大小小呼唤失踪亲人的纸牌子;血迹斑斑的迷彩服;母亲把遗言留在短信中的那个手机;被压垮的担架等,这些无言的实物,最真实生动地体现了大地震的强度和比它更强大的人的精神。所以我提出"要考虑建汶川地震博物馆"。开始一些同志不理解,认为现在人命关天,怎么能去想建博物馆呢。后来渐渐被理解和接受了。现在博物馆已经过多次论证,并列入国家恢复重建规划之中。

站在现代文明高度审视"活化石"

　　作者:羌族文化抢救是怎么提出来的?您为何要组织专家组赴灾区调研,召开专家座谈会,并成立紧急保护羌族文化遗产工作基地,这一行动对抢救濒危的羌族文化遗产产生了怎样的作用?

大冯：羌族文化抢救首先是温总理在5月22日站在北川高地上讲的。温总理说："北川是我国惟一的羌族自治县，要保护好羌族特有的文化遗产。"在国家受此大难时，能想到文化的保护——这体现了我们一个文明古国深远又宽广的文化视野，以及所置身的现代文明的高度。文化界对此反响强烈。中国文联、民进中央、文化部、中华文化学院、中国民协、国家民委等单位都组织专家研讨羌文化的抢救和保护。我们首先在北京组织专家座谈，发表了"紧急抢救羌族文化倡议书"，随后组成专家小组到地震灾区考察。并把工作基地放在成都，同时邀请四川省民族学专家参与工作。工作重点是摸清羌族文化受损状况，研究科学的保护措施。我们已将专家们的意见整理成《建议书》，呈送国务院，温总理给予了批示。这些工作现在还在继续。

作者：请谈谈羌族文化的历史沿革、特色、在中国文化中的地位以及此次地震中的受损情况？

大冯：关于羌族文化，我先跟你说一件事。前几天宋健同志来天大参观，听说我正在做羌族文化抢救工作，便对我说了一句话："羌族是向外输血的一个民族。"我说："宋健同志，您太了解羌族的历史了。"羌族是中国一个古老的民族，有着独特的文化。羌字，被古文字学家解释为"羊"字和"人"字的组合。羌族最早以游牧——尤其是以牧羊为主的游牧民族，这个民族至今仍有对羊的图腾式的崇拜。羌族历史上产生过两个伟大人物，一个是发明了农具，使华夏历史由游牧进入农耕时代的先祖神农氏，即炎帝；还有一位是夏王朝的奠基人大禹，这位治水英雄的故事可谓家喻户晓。在当时治水很重要，不治水就无法发展农耕生产。羌族是一个勇于开拓的民族，在漫长的历史进程中，羌族不断与当地原住民相融合，如藏、彝、景颇、哈尼、纳西、土家等，都与古羌人有着一定的族源关系。羌民族的血液融入这些兄弟民族的血管之中。可以说，羌族是我们祖国56个民族大家庭中一位德高望重的老祖母。然而，如今的羌民族多聚居于这次地震的震中，如北川、汶川、理县、茂县、松潘，所以我说这次大地震好像与羌民族开了一个惨烈而恶毒的玩笑，几乎是颠覆这个民族来的。羌族有保存完好如初的灿烂文化，他们有丰富而迷人的各种节日，有独特歌舞与戏剧，美丽的刺绣和民族服装，极其厚重的民间文学，还有一种声调悠扬动听的乐器羌笛，他们的许多文化有"活化石"的意味。羌民族大部分住在海拔2000米以上的山区，长久与周围的山、水、树、石融为一体，高山峡谷，云彩飘浮，被誉为"云朵上的民族"，何等浪漫神奇！但这次大地震中，相当一部分村寨被崩裂的山石淹没了，大禹的故乡禹里就葬身在堰塞湖的湖底,其中包括传说中大禹的母亲生他时染红的一块"血石"。所以,这次文化抢救几乎是对一个民族文化生命的抢救,来得特别急迫。这些年我们做民族民间文化抢救时有一个原则就是"濒危优先",对这次"飞来的横祸",必须向羌族尽快尽力伸出援手。

没有学者,很难科学保护文化遗产

作者:据说,北川不少地方,您以前都考察过,有很深的感情,这次一到灾区,您受到的最大震撼是什么?最难忘的人、最难忘的故事和场面是什么?

大冯:我们专家组这次到北川看到的景象,令人十分震撼。站在北川县城对面的山坡上,我们看到一座80多米的"高山"霸气十足地立在县城的中间,这是大地震时从城外"移"过来的。但是,北川县文化馆里6位羌族文化专家、还有"禹风诗社"正在开诗歌朗诵会的49位诗人,全部被埋葬其中。我深知文化抢救工作者的稀少和珍贵。没有学者的文化是很难被科学保护的。这些学者的逝去,是羌文化最惨痛的损失。我们在雨中为他们默哀,雨点打在雨衣上沙沙作响,仿佛天地都在为他们而哭泣。在汉旺镇,很多街道被夷为平地,高大的建筑被彼此"缠绕"在一起。看上去很难理解:一块水泥上面几十条钢筋,齐刷刷断掉了,怎么断的呢?更令人心灵震颤的是,我亲眼看到一团拧在一起的钢筋,里边卷着两样东西,一是一只大红色的乳罩,还有一盘"结婚进行曲"的亮闪闪的磁带,我觉得这应属于一对新婚夫妻。我想如果建地震博物馆,就应把这些东西放进去,是最说明问题的一个悲惨的故事都在里面,一对年轻人未来的希望和幸福瞬间被葬送了,这是最好的历史见证和历史细节。

不能放弃的神圣使命

作者:您认为抢救羌族文化需要做哪些工作?它还能恢复昔日迷人的风采吗?您对此有多大信心?

大冯:对羌族文化的保护,我们给政府有关部门提了很多建议,有的已被采纳。我认为,抢救羌族文化当务之急必须做好下面几件工作:一、帮助羌族进行一次全面的文化整理与记录,建立起民族的文化档案,使传承有确切的依据;二、在恢复重建时,选择与原来生存环境相近的空间,帮助他们恢复原有的文化生态;三、做好下一代人的民族文化普及传承工作,如《羌族文化学生读本》就是为他们而写,现已进入灾区的课堂。至于我对文化保护的信心,我认为,表彰对我们不是一个句号，为什么呢？因为一个民族的文化，尤其是非物质文化遗产，本来就是无形的、脆弱的，它在大地震中处于震中的位置，受到毁灭性破坏，这在世界民族史上是没有先例的，是一个意外、一个巨大的难题。整个文化生态、文化环境和空间，如何恢复和保护，有大量问题亟待解决。对此我仍然怀着一种忧虑，我有一篇文章《羌去何处》就是谈这个问题的。因为它是一个全新的问题，没有可资借鉴的经验。当一个民族失去了自己的文化，这个民族的个性生命也就不复存在。当然，有忧虑，不等于没有信心和勇气，事情还要努力做下去，这是一个决不能放弃的神圣使命！

大美不言在民间

陕西，是华夏文明的重要发祥地，遗存了周、秦、汉、唐以来大量极其珍贵的文化遗产。这里，不仅有被称为"世界第八大奇迹"的秦始皇兵马俑、气势恢弘的帝王陵墓和古代城阙遗址；同时又有心灵手巧爱美懂美的人民及其创造的古朴淳厚的民间艺术。

秋末冬初，阳光和煦，三秦大地上迎来一位身材高大的"朝圣者"，他如痴如醉地穿行于历史和艺术的时空中，时而紧蹙眉头凝神注视；时而屏息聆听相关讲解；当他发现一件美轮美奂的艺术品时，总会发出啧啧赞叹声；而对文化保护中出现一些问题，他也会提出自己的精辟分析和独到见解。

他就是中国文联副主席、国务院参事、文化保护方面的标志性人物冯骥才。

2008年10月28日至11月4日，大冯马不停蹄地在西安、咸阳、宝鸡等地参观考察了秦始皇兵马俑、西安碑林、骊山华清池、汉阳陵、茂陵、乾陵、大唐西市、关中民俗博物馆、法门寺、宝鸡青铜器博物馆以及华县皮影、凤翔年画泥塑马勺脸谱等民间艺术，所到之处，均受到当地领导和群众的热情接待和真诚欢迎，而众多媒体记者的随行采访及大篇幅密集报道，更在陕西掀起一股文化保护的旋风。

震撼：气吞天下的华夏文明源头感

"我来晚了！"

这是大冯在陕西考察期间最常说起的一句话。

搞了十几年文化保护工作，66岁的大冯首次踏上三秦大地，在一般人看来确实有些匪夷所思。

为何迟来陕西？

大冯说，这其中有些阴错阳差。对陕西，他神往已久，这是毋庸置疑的。但在他所从事的文化保护工作中，最急迫的是抢救随着现代化进程而迅速消失的物质文明，其中包括大量古代建筑和古村落。所以，这些年他在山西、河北、山东、河南等地跑得较多，而文物保护相对完善的陕西反倒成了"盲区"。大冯笑言：中华文明最大的保护者恐怕就是"土地爷"了，秦始皇陵等重要考古遗址尚未挖掘实在是件幸事，我们应为子孙后代多留下一些宝贵历史遗产。

令大冯意料不到的是，陕西的历史文化积淀是如此丰厚，如此迷人，如此令人流连忘返、叹为观止，不亲临其境是根本无法做到的。

此次大冯的随行人员、民进中央组织部长王建国讲了这样一件事：几年前，他担任咸阳市副市长时，曾陪同法国勒芒市市长参观刘邦墓。这位市长和他的夫人都是中国通，他夫人甚至比他更厉害，居然写出了《吕后传》。

龙神虎气——参观茂陵霍去病墓前的汉代石刻

途中，他远远看见一个大土包，马上叫司机停车："这是皇帝陵啊！"眼睛中充满敬畏。王建国告诉他，陕西的地下全是宝，不信你用脚踢踢。他踢了几下，果真从土里翻出一片汉瓦来。

从西安到咸阳到宝鸡，从秦始皇兵马俑到青铜器博物馆，一路走来，周秦文化那种气吞天下的华夏文明源头感，雍容华贵的盛唐景象，无不对文化人大冯产生了强烈的心灵冲击。一座座埋藏着无数历史信息和文化信息的汉唐皇帝陵墓，以及法门寺佛教文化所表现出的那种品质、气魄、精致，是我们永远值得骄傲的宝贵文化遗存。

在武则天乾陵"无字碑"前的61蕃臣石像前，大冯忆起画家韩美林说过的一句话："我要多做点佛头，把这些无头的石像都补上。"大冯说，他说这个是没有意义的，但却表现出一个艺术家的情怀。中国的历史文化遗产一再遭到破坏，是每一位炎黄子孙都感到痛心疾首的。大冯同时向文物部门指出，目前所采用的清

触摸历史——与秦始皇兵马俑零距离接触

洗石雕污垢的方法是不够科学的,过度的清洗冲淡了历史文物的岁月痕迹和沧桑感。在茂陵霍去病墓前的汉代石刻前,大冯还发现,石刻群中的马、虎、鱼可能不是同时期的作品:比如《马踏匈奴》中马的鼻孔、额骨、马蹄在夸张变形中,尚有写实的成分;而那些高度概括简约的鱼,不过是在自然石上稍加雕琢,完全属于另外一种艺术语言了。

汉唐文化对大冯的震撼和感动,从他为各大博物馆的题词中亦可略见一斑。

看到汉阳陵博物馆中,汉景帝为自己修建的庞大地下宫殿和成群结队的陪葬俑时,他有感而发,挥毫写下"景帝何愁不永世,汉阳馆中获长生";慨叹西安碑林中国书法艺术的浩瀚幽深,他写下"深不见底,浩无际涯";惊异宝鸡青铜博物馆钟鼎的精美博大,他写下"文明源头,气吞天下";法门寺宝塔坍塌从而发现地宫的传奇,又令他写下"地宫欲现,宝塔自毁,佛诞感应,盛世之兆"……

朝圣：分享爱美的百姓创造的美

大冯此次考察的重点，是陕西的民间艺术。大冯认为，陕西民间艺术的传承力度大，风格浓烈、饱满，诸如秦腔、碗碗腔、皮影、泥塑、年画、马勺脸谱，内中承载的历史文化信息十分深邃，有"活化石"的因素在里边；而且这里的人民很爱美，并创造了许多已列入非物质文化遗产名录的高水平的民间艺术。

"我到这块土地来，非常真诚地带着一种朝圣的感情来看这里的文化，它始终活在老百姓的生活中，与他们血脉相通。我们的一切保护——政府的保护、专家的保护，最终还是要唤起人民的文化自觉。只有全民都热爱了，文化也就自然保护下来了。"

在"皮影之乡"华县考察时，大冯仔细询问了皮影的生产流程、市场销路和发展空间，并观看了由老艺人表演的皮影戏。他指出，传统皮影的所有细节，选料，雕刻，色彩，都是为了"影"；离开皮影表演单纯追求画面的好看，"皮影"就变成

此君颇似高尔基
——在乾陵武则天墓61蕃臣石像前

骊山脚下洗征尘（组图）

了"皮画"，这是不利于皮影这种综合艺术的发展传承的。

在素有"民间社火之乡"美誉的宝鸡市陈仓区周原镇，大冯走进一个阳光明媚的农家小院，但见东厢房的墙壁上，参差错落挂满当地特色民间艺术品"马勺脸谱"。其器形圆润饱满，色彩鲜艳夺目，风格古朴淳厚。作者张星，宝鸡市工艺美术大师，是个方面阔目、体魄雄健的中年汉子，他热情拉住大冯的手，向他讲述马勺脸谱的历史传承情况。

张星自幼饱受乡土艺术熏陶和家庭影响，不仅掌握了传统马勺脸谱的工艺技法，而且发掘整理出一千多种不同时期和流派的"社火脸谱"。他把中国戏曲脸谱画在马勺、木梭、梭瓢、四神斗、木桶等农家生活器具上，又采用"立粉勾金"技法，使作品更富立体感。陕西名作家贾平凹在刚刚获得茅盾文学奖的小说《秦腔》中，多次写到宝鸡的马勺脸谱。当他见到张星后，一下被他的马勺脸谱迷住了，当即为之题写了"花脸张"三个大字。从此，"花脸张"不胫而走，还应邀到北京奥运会进行社火马勺脸谱表演。

马勺脸谱的生产通常是家庭作坊式的。大冯饶有兴味地参观了马勺脸谱的制作流程。在那里，他遇上张星的母亲和妻子，她们正用毛笔调着丙烯颜料，一笔一画地在马勺上描摹着。见到久仰的大冯，老妈妈笑容满面地请大冯为她刚刚画完、只留一双眼睛的脸谱"点睛"。大冯提笔轻轻一点，神气凸现，老人也高兴得合不拢嘴。在众人簇拥下，大冯来到张星早已备好的书案前，染瀚挥毫，飘飘洒洒写下"宝鸡文化浓似酒，张星马勺艳如花"，而其中的"艳"字，恰是张星妻子姓

"我来试试！"大冯伉俪与华县皮影

名中的一字，大家闻讯不禁拍掌称奇。

凤翔县六营村，是陕西另一种民间艺术奇葩——凤翔泥塑的产地。它始自元末明初，是现今我国保留最古老最原始最具特色的手工艺制品。它以花草鱼虫祥鸟瑞兽神话人物为题材，造型生动古朴、憨态可掬，极富装饰意蕴。喜欢集邮的朋友熟知的中国生肖邮票中的"平安马"、"富贵羊"、"福寿猪"，皆出自凤翔泥塑。在邮票设计者胡深家中，大冯与年近八旬的老艺人促膝谈心，并与他在挂满金黄玉米和鲜红辣椒的院落里合影留念。

在为凤翔民间艺术家题词时，大冯以"宝鸡吉宝，凤翔祥凤"八字，表达了他对凤翔民间艺术精神内涵的由衷赞美。其中"鸡"、"翔"（地名）与"吉"、"祥"谐音又谐意，而且极为工整对仗，堪为奇思妙想。

大冯对民间艺术及其传承人十分尊重、情感深厚。在"皮影之乡"华县看罢老艺人的皮影戏表演一起合影时，大冯对准备拍摄的记者们说："请等一等，今天我提个建议，请老艺人们坐在前排，我和各位领导站在后边如何？"说着，他带头站到老艺人身后，感动了老艺人，也感动了在场的每一个人。在关中民俗博物馆，几十个记者挤在一间展室中，为了争抢到一个好的拍摄位置，有人站到了堆在地

大冯与华州古乐艺人在一起

上的画像石上。大冯见状马上停住脚步,态度严肃地说,请你马上下来,不然我就不往前走了。他说,你们应该爱护文物,这是非常珍贵的,记者更应具有这种意识。在紧张劳累的考察中,大冯还抽出晚间时间,爬上五层宿舍楼看望凤翔年画的传承人邰立平,一起研究他保护的木版年画。

离开宝鸡前,大冯在与民间艺术家的座谈会上,又提出一个"民间文化在发展中保护"的观点。他说,民间艺术的生命在于发展,在"三不变"即地域特色不变、基本元素不变、传统品牌不变的前提下,应当鼓励放手尝试更加适应当代人审美趣味的创新手段。

"总之,民间艺术不能离开诞生它的这片土地,这是文化的脉络,生命的脉络。我对陕西民间文化的传承和发展是充满信心的。"大冯深情地表示。

感应:文化保护正成为全民共识

大约十几年前,当大冯在文学和绘画创作上正处于巅峰状态时,他毅然选择了放弃,而开始服从一个更宏观、更具时代性的使命,这就是文化保护。

"我是一个理想主义者,对事业、生活、情感都是如此,这是一个艺术家的本质。"大冯如是说,"另外,我又是一个完美主义者,喜欢经过自己的手,严格地把每件事情都做好,包括每一个程序,每一个细节。"

在陕西考察期间,大冯多次强调要将政府的、专家的文化保护变成全民的保

自古华山一条道

护，而他的所见所闻也证实了这一点。这仿佛是一种心灵感应。

每当大冯那高大的身影、熟悉的面孔出现在人群中时，总会有人发出惊呼，"以前在报纸电视上见过您，这回见到真人了，太激动了！"更多的人则微笑着对他行注目礼。究其心态，固然有对他文学艺术成就的仰慕，而对他印象最深的恐怕还是文化保护。

他是我们时代的一个标志、一个符号。

在陕西博物馆，一位聋哑人见到大冯，兴奋异常，凑到作者身旁在手上比划了一个"冯"字。得到肯定的回答后，马上伸出大拇指，远远凝视着他，连连点头

无限风光入镜头

微笑，笑得十分真诚而灿烂。

在骊山华清池，一群少先队员正在过队日，见到冯爷爷，立即欢呼雀跃着聚拢过来，向他行队礼，为他戴红领巾，并向他汇报了学习他的课文《珍珠鸟》和《挑山工》的体会。

在华山之巅，几位女大学生与大冯迎面相遇，纷纷上前握手、签名并合影。"我是您的粉丝！""这趟华山没白来！"女孩们用纯真的语言表达着喜悦之情。

一位咸阳文物局职工的女儿，听说冯爷爷下午要来参观，从中午就随妈妈来单位耐心等候了几个小时。见到冯爷爷后，腼腆的她说不出话来，在妈妈帮助下请冯爷爷在自己珍藏的书上签了名，才满意地绽开了笑容。

更令大冯感动的是，许多人已将文化保护变成自己的自觉行动。当他听人讲起当地人主动举报破坏文物的行为时，当他在宝鸡青铜博物馆看到几位农民将自己发现的价值连城的西周青铜器无偿献给国家时，那种满足和欣慰之情溢于言表……

冯骥才认为，陕西的文化保护工作做得好，令人放心，是因为在这里，不仅有政府提供支持的以现代科技手段展示的秦风汉韵，大唐盛景，也有民间力量开始加入文化遗产的收集和保护，其中最典型的是两位民营企业家以前瞻性的文化眼光，恢复昔日丝绸之路起点"大唐西市"和建立"关中民俗博物馆"的创举。

"大唐西市"是一千多年前长安酒肆、胡姬乐坊、商贾云集之地，不仅是世界商贸中心，也是丝绸之路的起点。李白、杜甫都曾在诗中描绘大唐西市的繁华景象。不久前，考古发掘出土了大唐西市的遗址，一条完整的长安西市十字街口，从而引发了一位民营企业家的灵感——将大唐西市遗址用一道玻璃幕墙封闭起来，变成一座透明的地下博物馆，而地上部分则仿造唐代建筑风格，恢复大唐西市昔日的风光，这一大胆设想从一开始便得到冯骥才的支持和指导。此次陕西之行的第一站，就是到大唐西市工地考察，并专门召开了专家论证会和"大唐西市论坛"，冯骥才在论坛上发表了精彩演讲。

冯骥才认为，目前中国的文化保护正处于一个"瓶颈期"，从上世纪80年代开始的文化保护工作做了十年，问题仍非常大，根本原因就在于我们的眼睛常常只盯着GDP，却忽视了文化的DNA，原有的文化被解构，变成了"文化搭台，经济唱戏"。文化是一个国家和民族的灵魂。使一个人有钱容易、有文化视野和气质难。所以，我们的文化保护一定要从政府的、专家的保护发展为全民的保护，每个人都对自己的文化负有一份责任。

另一位民营企业家，耗时8年，将散落关中一带大户人家的经典宅院整体迁移，连同两万多件石雕、木雕、砖雕，四千多件秦汉以来民间日用品和八千多个拴马柱，建成了一座别具意蕴的"关中民俗博物院"。冯骥才在此参观考察时十分动情地说："一个人承担起地域文化的抢救，把那些支离破碎的文化聚拢起来，形成一种气候，真是匪夷所思！一个道理说起来很容易，实践起来却很难。"冯骥才尤为赞赏雕刻着各种生动表情的人物和狮、猴等动物形象的拴马柱："这是最色彩纷呈的民间雕刻，让人们在雕刻时随心所欲，把自己的才华、性情赋予形象之中，非常精彩，非常具有创造性，我认为可以写进中国美术史；最早的汉代拴马柱，甚至可以作为博物馆的LOGO（标志）！"

大冯与他倾尽全部心血所从事的文化保护事业，正如一个威力巨大的磁场，吸引着越来越多的人加入其中。大美不言在民间！

冯骥才陕西文化考察期间的题词
*景帝何愁不永世，汉阳馆中获长生（为汉阳陵博物馆题）
*大唐在此（为乾陵博物馆胡俑馆题）

* 深不见底，浩无际涯（为西安碑林题）
* 龙神虎气（为茂陵博物馆霍去病墓前雕塑题）
* 藏美存魂（为咸阳博物馆题）
* 文明源头气吞天下（为宝鸡青铜器博物馆题）
* 地宫欲现，宝塔自毁，佛诞感应，盛世之兆（为法门寺博物馆题）
* 大美不言在民间（为关中民俗博物馆题）
* 群山万仞皆屏帽，一线送我上云天（为华山索道题）
* 华州古艺甲天下（为华县民间艺术题）
* 华县影艺传千古（为华县皮影艺术题）
* 宝鸡文化浓似酒，张星马勺艳如花（为宝鸡民间艺术大师张星题）
* 宝鸡吉宝，凤翔祥凤（为凤翔民间艺术家题）

金钱买不到的东西最可贵

清明前夕，"寒食清明之乡"山西介休境内的绵山，春寒料峭，雨雪飘洒，云烟氤氲。一派"人间仙境"中，盛装的山民载歌载舞，欢迎前来参加"第二届中国清明（寒食）文化节"的冯骥才先生。尽管头发和衣衫均已淋湿，大冯却始终面带笑容，心中"无比畅快"！因为在清明节的故乡，他体验到了"清明时节雨纷纷"的意境。

2009年4月3日上午，大冯及来自全国各地的民俗专家参加了隆重的清明祭祀（介子推）仪式，并在其后的"第二届中国清明（寒食）文化节"上作主题发言，阐述了中国传统节日淡化的原因及应对措施。翌日，由冯骥才主编、中华书局出版的大型图典《绵山神佛造像上品》举行隆重首发式，众多专家学者和国际友人济济一堂，大冯等发表了热情洋溢的讲话，盛赞当地政府和企业界人士为保护和弘扬传统文化所做出的贡献。

4月4日，大冯在山西省副省长张平、太原市委书记申维辰陪同下，考察了新发现的绵山大佛风景区。其后前往大同，5日与大同市长耿彦波、中国雕塑界专家曾成钢、孙振华、景育民等一起，为将大同打造成"中国雕塑之都"出谋划策。

大冯所到之处发表的讲话，诙谐幽默，妙语连珠，不乏对当地历史文化遗存的精辟阐述和建设性意见，表现出一位文化学者的渊博、睿智和强烈使命感。

"知识分子是为思想而活着"，这是大冯经常挂在嘴边的一句话。然而他不仅是一个思想者，更是一位践行者。他马不停蹄地奔走各地，亲自到佛洞里勘察丈量，掌握科学数据和第一手资料。他与当地的领导和企业家志趣相投，情同挚友，文人的智慧、官员的执行力加上企业家的实力，使人对山西文化保护事业的前景不能不抱乐观态度。

破解神佛造像"历史密码"

大冯与绵山仿佛有一种天然的缘分。

大冯在山西省副省长张平陪同下考察蒙山大佛风景区

"一个作家出身的人,特别有一种愿望:与大地上的名山或江河产生某种特殊联系,比如肖洛霍夫与顿河,马克·吐温与密西西比河,黄公望与《富春山居图》等。一个作家和艺术家对大地山河的情怀,其实就是一种缘分……"

2008年,作为国家法定假日的第一个清明节,大冯应邀赴绵山参加首届清明寒食文化节期间,发现在这片气候干燥的黄土地上,居然有绵山这样一个云烟缥缈、紫气蒸腾、绿树葱茏、清泉淙淙的妙境。更未料到山上还有诸多神佛造像,数量之大,造型之美,技艺之高,令他惊愕。不少造像即使放进中国美术史中,也堪称上品。尤其是云峰寺的明王殿内,不足30平方米的狭小空间里,供奉着明代塑造的阿弥陀佛、观音菩萨、罗汉武士等彩塑68尊,展现了佛天无限开阔的世界,充满瑰丽的想象和张力。在镇国寺,历代高僧修成正果圆寂后保存下来的

"包骨真身",更被大冯称为"活着的木乃伊"——"埃及金字塔下埋藏的几千年前法老的木乃伊,徒具形骸,而'包骨真身'仍带着佛教终极追求的体验,更具震撼力。"大冯说。

绵山的丰富历史文化遗存令大冯怦然心动。数月后,他刚从遭遇地震浩劫的北川抢救羌族文化归来,便再登绵山,用田野调查的方式,对各处神佛造像进行搜集、整理、断代、编制数据库;又聘请摄影师入山拍摄,前后历时半载,一部关于绵山神佛造像的大型精美图典终于诞生。难怪首发式上,大冯无限感慨地说:"绵山确实是个宝山,山西的文化真是深不见底,浩无际涯,值得骄傲!"

金钱买不到的东西最可贵

都说山西的煤老板"黑",挖掘地下不可再生的矿藏发了大财,又在北京购买豪宅,一掷千金,挥霍无度。然而也有这样一位企业家,靠做焦炭生意起家,却没有走他人的老路,而是将目光投向绵山的旅游文化开发。他就是山西三佳公司董事长阎吉英。当时,他并不知山中有"宝",上山后才发现废弃的古庙和荒草乱石、残垣断壁间竟暴露出许多尚未完全损毁的神佛造像,顿生爱怜、抢救之心,于是邀请专家学者一起翻山越岭,访问僧民,寻踪觅源,归纳整理后集中保护起来。为此,他还成立了一个绵山文化研究院,历时十载,终见眉目。尤其去年遇上大冯之后,更如鱼得水,如虎添翼。仅仅半年间,便将绵山之"宝",一一收入典籍,相当于建立起一个绵山文化档案。

首发式上,老专家刘魁立动情地说:"这些神佛造像是古人留给后世的历史密码,如今破解任务落到冯骥才身上,既是机缘巧合,又是历史的必然。"

"这本画册可谓绵山文化保护的一个范本,同时又

大冯与太原市委书记申维辰登山考察

在《锦山神佛造像上品》首发式上与外宾交流

是一个民间企业家的范本。"大冯意味深长地说,"在文化界眼皮底下没被发现的,企业家首先发现了,保护了,700多尊精美造像啊!如果他不保护,岂不也换成钱了吗?那么,什么是我们企业家的价值观呢?可能我们对他的认识有些错位。我们通常认为,老阎是个千万富翁、亿万富翁,这个说法今天已过时。我们的企业家还很有文化眼光,很有精神追求(甚至是崇高追求)。我觉得世界上一定有一种东西比金钱更宝贵——凡是金钱买不到的东西,都比金钱更宝贵!"

大冯在表述这一观念时,上全场爆发出一阵由衷的响亮的掌声,鼓掌人中不仅有专家学者、媒体记者,也有来自尼泊尔、斯里兰卡、越南等国的驻华使节。这是一种人类的普遍认同,值得每个人深长思之。

莫让华夏文明变失落文明

大同,是一座历史文化名城,一千多年前曾是北魏的都城,积淀了丰富的历史文化遗产,最著名的是被列入世界文化遗产名录的云岗石窟,此外还有上华严寺、下华严寺、九龙壁等国家级重点文化保护单位22处。"很少有一个城市有这么巨大的文化财富,这是大同的骄傲。"大冯说。其中,云岗石窟和一些寺庙、古墓随葬品中，布满各个时期不同风格的精美雕塑，总数多达十几万件，这或许也是大冯与该市市长耿彦波，拟将大同打造成"中国雕塑之都"的原因吧！

耿彦波是一位颇有文化眼光、行事低调却极讲效率的市长，在他上任不到一年时间里，大同发生了显著变化，宏伟的城市规划更是令人鼓舞。作为老朋友，大冯当然要助他一臂之力。

"一个城市最重要的特色是什么？"大冯自问自答道："一个城市最深刻的特色，在于人们共同的文化心理和文化性格。比如三大城市中，北京是精英文化、上海是商业文化、天津是市井文化。一方水土养一方人，北京的水土一定是养梅兰芳、齐白石、徐悲鸿、老舍这些文化精英的；上海养张爱玲、养旗袍、养电影和周璇；天津则创造了马三立、骆玉笙这样的文化代表。我还讲过小沈阳，他是东北民间艺术的代表，但如果全国都谈小沈阳，那将是中国文化的沙漠化……"

大冯认为，最深刻地进入大同文化集体性格的，离不开北魏的DNA，而且已渗透到大同人的心理和血液中。北魏以来创造了大量物质和非物质文化，别处无法相比的就是雕塑。他建议，一、建立大同文化遗产数据库；二、将大同的雕塑石刻搜集整理，编辑成系列图典，向世人尤其是年轻人展示；三、将城市改造与文化保护和旅游开发有机结合起来。"将历史环境、文化遗存重新整理改造，把一个个陈旧的、蒙满历史尘埃的文化遗存，从几乎被遗忘、带有失落色彩的状态中解救出来；不是商业性地乔装打扮，而是真正重现千年的文明之光，使之薪火相传，这是我们神圣的历史使命和社会责任。"

多把老祖宗的东西留下

在对山西的文化保护感到满意的同时，大冯也对山西本土文物的流失表现出一种忧虑感。

大冯曾逛过山西人在北京附近的李家营和高碑店开办的古玩店铺，在一个市场上，摆了满地的烟袋、帽盒和油灯，令人眼花缭乱。大冯回顾说，从上世纪80年代中国有古玩市场以来，最初是倒腾金银细软、官窑瓷器，然后是名人字画、红木家具，老房里零七八碎的生活用品，直到卖窗户门和柱础石磙时，老房子也就快拆完了。由于我们很长时间没有严格的文物保护法，许多文物外流了，让外国人买走了。过去说，"地下文物在陕西，地上文物在山西"，但经过文物贩子地毯式的搜索，我们流失的文物远比保护下来的文物多，这是值得认真反思的。"所

大冯考察有"中国雕塑之都"美誉的大同历史遗存

以我想在山西呼吁一下：多把老祖宗的东西留在我们自己的土地上吧！有心人、有钱人多为山西留点东西吧！不要一到山西看到的都是舶来品，把我们土地里的含金量、文化浓度表现出来！"

作家当官，是换个观察视角

大冯的山西之行，吸引了从中央主流媒体到香港凤凰卫视的众多记者纷至沓来，所以大冯特意安排了一小时时间与记者们见面聊天。有记者注意到当天的晚宴上，"作家省长"张平专程从太原赶来欢迎大冯，便问了一个作家当官是否影响文学创作的问题。

大冯笑言，其实作家任职中外有之，比如《红与黑》的作者司汤达当过法国驻意大利领事，《静静的顿河》的作者肖洛霍夫当过苏共中央委员，（中国民协秘书长向云驹补充说，吉尔吉斯作家艾伊马托夫还当过总统）。"记得1985年，王蒙要当文化部长，当时我和张贤亮、邓友梅到王蒙家串门，邓友梅开了一个玩笑，说从此中国文坛少了一个作家，中国政府多了一个官员。王蒙马上回答：我不至于像你那么笨!结果王蒙当了部长,反而从另外一个视角把生活认识得更通透,也使原本就睿智的王蒙更加睿智,写作更富思辨性。我想张平也是如此。他是一个非常有正义感、思想凌厉、勇于直面现实、有平民立场的作家。他换了一个位置,等于换了一个角度来观察生活,我认为不会影响他的文学创作。我比张平相对自由多了,事儿找到他身上他不能不干;我与他正相反,我的事儿大多是自找的。张平目前正处于一个磨合阶段,工作之余写些序言和评论,我想他不可能停止文学想象,一定会有新的文学人物在他的心里活着……"

和尚心里的爱情最灿烂

推人及己,大冯又现身说法,披露了自己处理"当官"与创作关系的独特方法。从上世纪80年代起,大冯就担任全国政协委员,现在又当了八年多政协常委。有人问他担任国务院参事后的感受,他说,政协是参政议政,国务院参事并不是"官",但他感觉身上的担子更重了,他的有关国家文化发展战略的建议更务实、更具操作性。

尽管社会职务繁多,事务缠身,又在从事民间文化抢救工程,大冯的文学梦想却从未间断。"我脑子里一直在构思小说,起码每年完成一个短篇。"大冯说,"我脑子里塞了好几部小说,有时在长途旅行中,我会让司机关掉两小时的音乐,闭上眼睛,把我小说中的人物'掏'出来——因为一个好作家写小说不是先想情节,只有笨作家才会这样做;而是先想人物,想人物的性格和心理,人物与人物一碰撞,情节自然就出来了。李逵遇见林黛玉和遇见贾宝玉情节肯定会不同。我想好人物,把他放到一个特定环境里,情节马上就出来了。我有时非常有灵感,人物简直活灵活现的!最有快感的是,细节产生后,自己都不知是怎么出来的。使自己吃惊的创作才是最非凡、最有快感的创作。有时想得正美时,司机一声'到了',只好把想好的人物放回脑子里。以后再掏出来时可能味道就变了。我的体会是:越没时间创作,创作欲望越强,就像和尚心里的爱情是最灿烂的。"

知识分子就是要"精神至上"

初夏的潇湘大地,山奇、水秀、林深、谷幽,加上连绵的阴雨,更显得空蒙缥缈,如诗如画。在这个美好的季节里,大冯应邀对湖南进行了为期一周的文化考察,先后到张家界、吉首、凤凰、隆回、花瑶古寨和滩头民间年画产地参观和指导工作,随后在长沙出席第九届中国民间艺术"山花奖"终评开幕式并发表了精彩演讲。

大冯与湖南神交已久。这里不仅有三湘四水,钟灵毓秀,还有深厚的历史和文化积淀,"唯楚有才,于斯为盛",长沙岳麓书院门前的这幅对联,正道出了湖南人的自豪与自信。

大冯说他对第一次到湖南有些难以启齿:"因为中国的文人与湖南这块土地的

大冯伉俪与湖南土家族姑娘合影留念

湘西苗画和傩面具

渊源太深了。文人不能不到湖南。我第一次来,不应是演讲,而是报到——到这块文化圣地报到来了!"

他不是一个书斋里的思想者。那种对历史与现实、东方与西方文化"形而上"的缜密研究和思考,只是他工作的一部分;他大量繁琐艰辛又乐此不疲的工作,是"形而下"的——即迈开双脚,到田野去,到现实生活中去观察、体验、探索和发现。譬如来到一个古村落,他能触摸到它的心跳、脉搏,看到它血液的流淌和情感的宣泄;与此同时,又能听到它濒危时发出的痛苦呻吟。

他像年轻人一样攀爬雨后湿滑布满青苔的山路,用猎人般犀利的目光捕捉奇风异俗并摄入镜头;他饶有兴趣地倾听各方人士的倾诉并记住每一个有价值的细节;他精力过人,一日能当两日用,即使考察夜阑而归,翌日仍能气定神闲,毫无倦意……他机敏睿智的发现、深刻独到的见解、颇富语言魅力的表述和无私奉献的精神,总是强烈感染着周围的每一个人。

在大冯看来,文化遗产最重要的是它的精神价值、文化价值,而知识分子、文化人是为思想而活的,是注重精神的。他在长沙的演讲中再三强调,"知识分子就是要精神至上"。

凤凰：抓住古镇的"灵魂"

抵达"中国最美的小镇"凤凰时，已是午后时分。清澈的沱江穿城而过，两岸尽是湘西风情的亭台楼阁和悬河而筑的吊脚楼；偶尔，有渔翁的船桨划过、岸边妇女淘米洗衣荡起的涟漪，弄皱了水中一片如镜的倒影。现代文明的君临和游客的大量涌入打破了小镇的宁静，到处人声鼎沸，嬉笑声、歌厅酒吧的音乐声与小贩的叫卖声交织在一起，构成了古典美中的某些不和谐音符。

对作家大冯来说，凤凰最富魅力、最吸引他的，一处是文学大家沈从文故居，另一处是近代中国"第一文化贵族"陈宝箴世家。

沈从文故居是一所古老的南式四合院，瓦木结构，绛红门窗，家居陈设简朴。在当年沈从文写出《边城》的书桌前，大冯以一种崇敬的心情沉思良久。而在陈宝箴故居参观时，他则是一副被惊呆的表情：陈宝箴是清代著名维新派人物，曾任湖南巡抚，家居凤凰，他的儿子陈三立是著名诗人，孙子陈师曾是著名画家，陈寅恪更学贯中西，通晓十国语言，被公认为当代国学大师。当晚凤凰镇委书记在"将军府"院中用当地土菜招待冯骥才一行时，大冯颇有感触地说："你在中国还能找到陈家这样诞生了多位文化巨匠的家族吗？所以，博物馆才是凤凰的灵魂！"他认为，凤凰这地方，商业习气不能太重，不能让出售旅游纪念品的摊贩把沿河的美丽风景覆盖。商业化的过程就是把文化解构的过程、粗鄙化的过程，灵魂消失，只存其形。所以一定要警惕这种倾向。

大冯在吉首市委书记赠送的图书中，还发现一种"苗画"很漂亮，有保护和传承的价值。苗族的服饰精美而繁复，一种是银饰，如花冠、手镯，具有独特审美意趣；另一种是刺绣，分"剪绣"和"绘绣"两种方式。剪绣是将剪纸贴在绣片上按其图案刺绣；绘绣是直接用笔蘸色绘于绣片上。苗人的绘绣技巧很高，故被称作"苗画"。当晚，大冯便请来苗画传承人交谈，并教给当地官员如何开展"苗画"的普查保护工作，特别叮嘱他们将宝贵文化遗存留在手底，莫让文物贩子尤其是外国人"淘"走。

花瑶：活在自己的文化中

花瑶，是瑶族的一个分支，以其绚丽多彩的民族服饰而得名，目前只居住在湘西隆回的高山上。

从隆回县城出发，沿途考察了荷香桥古镇和清代思想家魏源故居后，大冯一

"我身高二米一"

第一次搬"元宝"

行于黄昏时分抵达海拔1400米的虎形山瑶族乡。此时，天空中飘着蒙蒙细雨，等候已久的盛装男女在震耳欲聋的鞭炮、锣鼓声中唱起《呜哇山歌》，跳起花瑶风情舞。古寨入口，一队头戴斗笠檐上翻花帽、身穿鲜艳裙衫、腰系挑花布带的姑娘，手捧家乡自酿的米酒招待来宾，叫做"拦路酒"，一饮而尽方可入寨。晚宴上，更有花瑶姑娘边唱《敬酒歌》，边将大块腊肉塞入客人口中。

随后，一场火爆异常的"花瑶民俗篝火晚会"将气氛推向高潮。五里八乡的村民们，民间艺术传人们纷至沓来，将广场围得水泄不通。开场是花瑶的男儿亮出的《碳花舞》，把烧红的碳火抛向夜空，形成美丽耀眼的光带，须臾飘扬开来，似银花飞溅，玉珠散落。少男少女们跳起欢快、豪放的《瑶山米酒甜》《挑花裙》、《咚咚歌》，尽显原生态舞风。

篝火晚会上，大冯应邀发表热情感言。

他说，花瑶是一个爱美的民族，有自己独特的服饰、民俗和婚俗，《呜哇山歌》和《花瑶挑花》双双入围非遗名录，是件了不起的事情。他建议设立"女儿箱"生态保护区和博物馆,让花瑶的独特民俗文化得以传承和光大。他还说,少数民族活在自己的文化中,它的传承是一种活态的传承,比如山歌,没人唱就会失传;比如服饰,没人穿就会消失。而文化的消失必然会导致民族灵魂的缺失。

熊熊燃烧的篝火旁,一位端着相机不断拍照的小老头格外抢眼,他就是20年来170多次造访花瑶,用镜头记录其生存状态和民族风情的摄影家,大家亲切地称他"老后"。

"老后比我小两岁,是位民俗摄影家,也写东西。"大冯有些动情地说,"他们夫妇俩把所有积蓄都用到花瑶文化的抢救上了,我们的文化保护事业就需要像老后这样的无私奉献者!"

隆回:有"文化自觉"的官员

在隆回,有一位官员总是不离大冯左右,他便是县委书记钟一凡。

2004年,大冯在山西榆次全国县长非遗论坛上发表演讲,当时的钟县长听后

趁热打铁——大冯参观隆回荷香桥古镇手工艺一条街

大冯伉俪看望民间年画传人

古镇的家庭演唱会令人驻足

大受启发和震撼,感觉自己接受了一次"洗脑",回到隆回便大施拳脚。他记住了大冯的一句话:"政府是文化遗产的第一保护人",明确意识到自己肩负的责任。尽管隆回尚未脱贫,他仍坚持每年拿出很多钱用于文化保护。此次,他又呼吁为文化保护立法、重视专家作用。冯骥才在长沙演讲那日,他率全县40余人开车前往聆听,真心诚意,令大冯十分感动。

隆回县有个叫荷香桥的古镇,镇上有一条600米老街,散布着一些老店铺和老作坊,打铁的、制秤的、造酒的、做手工布鞋的、加工金银器的、经销传统杂货的……大冯漫行其中,感觉仿佛"走进了时光的隧道"。

在其后的座谈会上,大冯对邵阳和隆回的领导说,工业革命后,机器代替了手工,是一个历史的进步,但手工技艺有人的情感在其中,有民间艺术的味道,有亲切感。他建议在荷香桥搞一条手工艺保护一条街,对原有铺面进行采光、通气、排水、卫生等方面的改造,保护和恢复老街的文化内涵。

"我们不能要求所有领导都马上明白(文化保护的意义),不能离开中国的国情说话。知识分子要意识到自己的责任,文化保护是我们的事,我们不干就没希望了。"大冯说。但他特别向那些"有文化自觉"的各级领导表示敬意。

将古镇风情——摄入镜头

滩头：年画之乡忧与喜

距隆回县城30公里处，有一个滩头古镇，是入选全国首批非遗名录的滩头年画产地。滩头年画色彩鲜艳、造型古朴、工艺独特，名列中国四大民间年画之一。

一到滩头，主人先带大冯参观了削竹造纸工地：工人们将一根根青竹斜放于支架上，用锋利的刀刃削去竹皮，粉碎后做成纸浆，再到造纸作坊中制成一张张"竹纸"。哦，原来滩头年画从造纸到刻版印刷，已实现了"一条龙"生产！

大冯与滩头年画渊源颇深。作为中国木版年画普查负责人和成果集成的总主编，他亲自主持了《中国木版年画集成·滩头卷》的编纂，还为年画传承人钟海仙颁过奖。钟老曾力邀大冯到滩头做客，可惜阴错阳差未能成行，只派人为钟老做了一次口述史。大冯此次成行，钟老已仙逝，令大冯不胜感伤，更觉民间艺术抢救的紧迫。所幸，钟夫人还健在，钟老的儿子、徒弟已继承了父辈未竟的事业。大冯登上楼梯来到二楼年画作坊，认真观看并亲手尝试了木版年画的印刷过程。大冯对钟老的艺术赞不绝口，称他画的眼睛，一笔点下去，又黑又亮，而且是活的、有生命的。兴之所至，大冯当即铺纸濡毫为滩头年画题词："隆回民艺浓似酒，滩头年画艳如花"。

湘西"花瑶"古寨的传统仪式迎接远方来客

花瑶姑娘奉上的"拦路酒",要一饮而尽才能进入山寨

·对话奥运·

大冯给张艺谋的开幕式打满分

令人充满无限遐想和热切期待的北京奥运会开幕式终于揭开神秘面纱,它以鲜明的主题、独特的创意、磅礴的气势和高科技手段的运用,向世界徐徐展开了华夏五千年文明的绚烂画卷,做到了奥林匹克精神与中国文化精神的和谐统一。在中国人民百年奥运梦想终于变成现实时,大冯显得格外激动,盛赞北京奥运开幕式非常成功,超出了他的预想。

大冯给张艺谋打100分

大冯接到作者电话时,仿佛尚未从观看开幕式的兴奋状态中脱离出来,开口第一句话就是:"这次奥运开幕式真是出乎我的意料,非常成功!"

他首先肯定了总导演张艺谋:"我觉得选择张艺谋执导奥运开幕式是非常恰当的。他有几个特点:第一,他拍过好几部大片,调动千军万马的能力很强;第二,

张艺谋与北京奥运

他以前做过摄影，非常注意画面的形式感，对增强作品的视觉冲击力很有办法；第三，他有国际视角，清楚什么样的语言能让世界理解；第四；他善于提炼中国文化的元素，例如他在电影中提炼出的大红灯笼，现已变成一种中国文化符号。张艺谋这次执导的奥运开幕式超乎了我的想象。因为这台演出是演给全世界看的，中国文化那么博大精深，第一你怎么从中抽出最重要的文化精髓；第二怎样还原到具体的形式和符号中去；第三，用什么语言，尤其是现代语言把它表达出来。在这些方面，张艺谋做得几乎无懈可击，所以我认为选择张艺谋是正确的！"

大冯笑言，如果要给张艺谋执导的奥运开幕式打分的话，他打100分。他说自己未料到张艺谋会做得这么好，作为艺术界的朋友，他钦佩张艺谋的才气并向他表示由衷的祝贺。

抓住了中国文化的精髓

大冯认为，奥运开幕式成功的第一要素是彰显主办国独特的文化精髓和文化气质。张艺谋在北京奥运开幕式上就充分显示出他的艺术功力，即从中

北京奥运会开幕式一瞥

北京奥运会开幕式,展开一幅中国传统文化的魅力长卷

国传统文化中抽出几个非常重要的精神性东西,第一个就是'和'。因为在中国儒家学说中,'和'是最重要的一个理念。这些年大冯从事民间文化抢救工作,所有民间文化的核心精神,所有民俗的终极目的,都是为了'和'。'和'有两层含义,一是人与自然之间的和谐,即古人所说的'天人合一'。比如我们的风俗就是追求人与自然的和谐,不是与自然对立,而是诱导自然,顺应自然。第二是人际之间的和谐,即我们常说的'和为贵'。比如我们春节时的所有民俗,都是为了达到家庭、亲友和各种人际之间的和谐,消除相互间的分歧,制造相互间的亲和力。'和'是中华民族五千年生生不息的一个重要因素,也是儒家思想的一个核心,它在中华民族的精神中是深入骨髓的。"大冯指出,开幕式用了一系列中国文化的精髓性的东西,如对"礼"的提炼,对"丝绸之路"表现出的中国自古以来开放精神的提炼等,都通过声、光、电等高

北京奥运会开幕式一幕——《霓裳羽衣舞》

科技手段,还原为具体的文化符号,又将这种文化符号变成一种现代语言、一种创造性很强的优美意境。他特别推崇开幕式上通过烟花表现的"历史足迹",从故宫一直到鸟巢的29个脚印——"这个想象非常好。历届奥运会开幕式导演在构思节目时,只把体育场作为他艺术表现的平台,没有把一个城市作为空间的。张艺谋从中国的首都也是古都的中轴线穿越历史的空间,这个创意非常大气!"还有,几位舞者在白绢上通过肢体动作画出中国文化的几种基本元素——天、地、太阳,在这个元素上演绎了中国的历史。开幕式的整个文艺表演中,张艺谋使用了一个核心的符号——长卷,这是他的点睛之笔,实际是向世界打开了五千年华夏文明的绚烂画卷。历史的一幕幕,都从长卷中走过,最后由一群当代儿童们完成:给山野河流涂上颜色,把太阳画出表情。连运动员宣誓的讲台也用长卷形象雕出,最后李宁手擎火炬凌空奔跑,也是在一个长卷上,由此传达出这样一个理念:奥林匹克精神的圣火,从孕育了五千年文明的中华大地上薪火相传,在鸟巢上熊熊燃烧起来。"总之,开幕式形象鲜明，概念清晰，文化符号没有简单堆积的感觉，处理得很优雅、浪漫，成功的几大要素都做到了，相信会给奥林匹克历史留下一个深刻的印痕。"大冯还认为，最后的点火仪式也颇具创意："李宁很不容易，在那么高的空中奔跑，是冒着一定风险的，一是火炬容易熄灭，二是他已下海多年，能跑那么远的距离并保持姿势优美真不简单！另外，开幕式的舞美、道具、灯光、焰火的设计都近乎完美，确实是一台为中国人民争光使世界惊喜的开幕式！"

美中不足：主题歌缺乏激情

在充分肯定奥运开幕式成功经验的同时，大冯也客观指出了其中两点不足。"一是，张艺谋的历史想象很好，而对未来的想象稍弱了些。尤其是星空那部分，寄托着中国人对美好未来的梦想，本应表现得更神奇、更浪漫、更具高科技含量，现在感觉简单了些。还有一点，开幕式的主题歌做得不好，未能将张艺谋营造的艺术氛围推向高潮。我们可能不记得汉城奥运会的文艺表演，但主题歌《手拉手》却风靡了世界。主题歌是奥运开幕式的一个重要节点，开幕式有一首好的主题歌就有了灵魂。我认为这不是张艺谋的错，也不是刘欢的错。刘欢是一位十分善于宣泄内心激情的歌手，如他演唱的《北京人在纽约》、《水浒传》主题歌，都激情澎湃，很能打动人心。遗憾的是这首《我和你》太沉闷、太柔软了，有催眠的作用，不像奥运会的主题歌，不能承载'同一个世界，同一个梦想'这样宏大的主题。"

比梦想更美丽的现实

——大冯妙答北京奥运21问

北京奥运圣火在鸟巢上空熊熊燃烧了16天之后，2008年8月23日晚在中外艺术家和运动员盛大联欢般的闭幕式后熄灭了。"同一个世界，同一个梦想"，历史已经见证：这是一次成功的奥运，精彩的奥运，充满人文精神的奥运，让世界充分享受了奥林匹克所带来的美和快乐。

一个才华横溢的作家、一个打过篮球的超级体育迷眼中的奥运会会是什么样呢？大冯回答了作者提出的21个问题，不仅视角独特，见解精辟，且颇富幽默感……

1问：开幕式成功，奥运就成功了一半，那么另一半呢？

记得中华台北奥委会主席吴经国有一句话说得好，奥运会最重要的还是比赛。要说比赛，本届奥运会无疑获得了极大的成功：一、大批世界纪录和奥运会纪录被打破；二、涌现了一批杰出的天才运动员；三、主办国中国军团获得了历史上的最好成绩。我认为，纪录性的体育比赛要比五种东西——一是比快：径赛、游泳、赛艇等；二是比高：跳高、撑竿跳等；三是比远：跳远、铁饼、标枪等；四是比重：举重等；五是比准：射击、射箭等……这五种比赛都是对人类身体极限和生命能力的挑战，每个纪录的产生都将人类的极限提升了一步。我们曾在百米短跑刘易斯突破10秒时就觉得不能再快了，但这次出现了一个博尔特，突破了9秒7。比如水立方里大量游泳纪录被突破，还有200米短跑、4×100米、女子撑竿跳等40多项世界纪录被打破。人类是不是更伟大了！所以我把这次奥运大量世界纪录的突破，看得比中国队获得金牌的数量更重要。因为这是整个人类在突破自己的极限，奥运会要实现的就是"更高，更快，更强"的奥林匹克精神。第二是大批新人的出现。我们尊重曾经叱咤风云的体坛老将，也特别欣赏新人。奥运会上涌现出的所有新人，几乎都是体坛杰出的人才。体育人才是在人生中一个极短的最富活力的时间段里迸发出来的，相当于植物在六七月的旺盛期，这是人的生命自身的

奥运火炬手大冯

创造。大量新人的出现，常常是一届奥运会成功的标志。第三，金牌也是一项硬指标，此次中国获得51块金牌，超过所有人的预想。我们现在可以对世界说，"东亚病夫"这个蔑称，与中华民族没有任何关系了！

2问：怎样看待刘翔退赛这一意外事件？

　　刘翔退赛引起这么大震动，主要是因为刘翔是媒体中的明星，明星中的明星，新闻效应太大。要我看，退赛是体育比赛中最平常不过的事情。赵蕊蕊在雅典奥运会上上场一分钟就受伤退赛了，对中国女排的影响极大，都没有引起这么大震动。在刘翔之前，美国的特利波尔同样因伤退赛，在美国也未引起什么震动，就因为刘翔所承载的东西早已超过110米栏的本身了。但我想：如果事先将刘翔身体状况的相关信息提前透露一些；如果刘翔当场向鸟巢里热情的观众鞠个躬表示谢意，我觉得会更好。因为成千上万的观众是冲着刘翔来的，甚至有人坐飞机从国外赶来，就为了看他。当然，对这样一个年轻的小伙子，当时正在做着非常痛苦的抉择，不见得会想到这些。

3 问：怎样看待本届奥运会最牛运动员菲尔普斯？

我认为菲尔普斯是天才。当然，在奥运拿金牌的个个是天才，拿八块金牌的菲尔普斯则是天才中的天才！天才的成功与一般人的成功是不同的。他很刻苦，很勤奋，训练时间比别人长，圣诞节也不在家里过，但我们年年春节不在家里过，也成不了菲尔普斯（笑）。因为天才的成功是不可复制的。世界上的成功是各式各样的，只要我们不把不可能实现的妄想当作成功的终极目标，通过努力都能尝到成功的快乐。

4 问：埃蒙斯射击失误是"上帝的玩笑"吗？

我认为是这500年才出现的一次巧合，但在他身上出现了两次，就是说1000年才出现这样一种巧合（笑）！但有一种思辨不妨过一过脑子：如果这件事不是发生在埃蒙斯身上，而是发生在我国运动员身上会是怎样？舆论还不把你吃了（笑）！埃

中国旗手姚明与四川地震灾区儿童

北京奥运会开幕式现场

蒙斯脱靶之后,他妻子过来安慰他,拥抱他,我想他是难过的,又是松弛的。我们应该从中体会纯粹的体育到底是什么。记得一次布什来京,问他有何要求,他说希望在他房间里放一个跑步机,因为体育是他生活的一部分!我们往往是患病了,才想起体育锻炼。别对体育太功利了。

5 问:中国男篮有姚明、易建联,为何仍难取胜?

中国男篮近年来毫无疑问有了长足的进步,陆续有球员到 NBA 打球,可是如果叫我们的球队打败美国球队,就是一种狂想了。队员之间很团结,互相勉励,一场场地拼,尽量发挥和表现自己,这不是很好吗?我认为中国篮球挺有希望。

6 问:小国牙买加何以产生飞人博尔特?

体育与人种的关系是毫无疑问的。体育一是与它的国家的体育文化有关,如巴西的体育文化,把足球当成跳桑巴舞,从足球运动中获得了无限的欢乐。你看小罗踢球时,多么有灵感和创造性,你会感到他和跳舞一样充满快感。有这样的文化,它的足球一定是发达的。因为人的放松,主要是心灵的放松。二是体育与人的特殊性有着必然的关系，这里包括国民性、地域性，还有生理构造。韩国的体育中，一些需要耐受力、意志、坚韧的项目就比较强。中国人照我看来，女性要比男性坚强，男人似乎比女人脆弱，所以一般体育项目女子比男子强。肯尼亚对长跑、牙买加对短跑特别擅长。美国体育也多是黑人主打。在动作的标准性、严格性、规范性方面，中国人就做得特别好，如跳水和体操，还有我们更擅长小快灵的项目。大型的、对抗性强的、需默契配合的项目就差些。当然这不是绝对的。第三，要看这个国家历史上是否出现过天才，比如我们的乒乓球，名将层出不穷，没有这一代代名将，就没有"国球"。这就像一个国家的艺术史，都是一串名师巨匠串连起来的历史。

7 问：您以何种心情观看奥运比赛？

我用快乐的吃大餐的心情来看奥运会；我用吃自助餐的方式，来控制手中的遥控器——想"吃"什么选择什么（笑）。

8 问：您最喜欢哪些体育项目？

都喜欢。很少有我不喜欢的体育项目。当然我首选尖端对抗来看。

9 问：奥运比赛中最经典的瞬间是什么？

不以成败论英雄（刘翔）

美国泳坛奇才菲尔普斯

最经典的瞬间我认为都与博尔特有关。博尔博在百米冲刺的最后瞬间，双臂如鸟一般展开，脑袋"回头望月"，自豪，潇洒，飘然，宛若进入了"自由王国"，这是给我印象最深的"瞬间"。

10问：奥运赛场上最感动您的是什么？

奥运赛场上最感动我的场面是博尔特跑完百米后，全场为他齐唱《祝你生日快乐》，这一幕让我特别感动，当时我的眼睛就湿润了。这个场面特别体现了我们民族的一种人性的关怀、一种博大的爱。这样的情景发生在我们北京，我觉得特别值得骄傲。对博尔特来说，这是他人生中最值得骄傲的一次生日Party，居然有10万人祝他生日快乐，还有谁会有这样奢华的生日场面（笑）！

11问：此次奥运最精彩的是哪场比赛？

我特别喜欢的比赛，是巴西和阿根廷的足球半决赛和美国与西班牙的篮球决赛。这两场比赛可以说把球赛变成"行为艺术"了（笑）。

牙买加飞人博尔特

12问：此次奥运中最美的瞬间是什么？

竞技体育有着自身的美。这次给我印象最深的是，俄罗斯撑竿跳女皇伊辛巴耶娃，跳过5米05时的那一瞬间最美，那个女孩子上了天了（笑）！

13问：此次奥运最平淡无奇的是哪场比赛？

应该是意大利和喀麦隆在天津"水滴"踢的那场足球，是最让人扫兴的。比赛下半场双方基本上很少过半场了，都在自己的后半场倒脚，双方好像有一种默契。为什么呢？因为两队都已出线了。在奥运赛场上凡是缺乏奥林匹克精神的都是乏味的。

14问：谁是本届奥运最大的黑马？

谈到黑马，人们很容易想到博尔特，但我认为博尔特不是黑马，是天马(笑)！黑马这次出现的很多，但有一个黑马是我们中国人，我觉得对她提得不多，就是蝶泳运动员刘子歌。她第一次参加奥运会就打破了世界纪录。她的出现，她的意义，不亚于刘翔在田径赛场上的意义。过去田径项目领先的都在欧美，刘翔为我们占了一席之位，所以刘翔被分外看重。然而游泳项目一直是美国和澳大利亚的天下。这次刘子歌一出道，就更改了世界纪录。我们为什么不注目一下这匹黑马呢？

15问：谁是本届奥运最大赢家？

对于参赛国来说，这届奥运会没有输家，都是赢家，各有各的收获。如果讲最大的赢家，理所当然，大家心服口服的还是东道主中国。中国不仅赢在金牌上，

俄罗斯撑竿跳女皇伊辛巴耶娃

还赢在奥运办得好，东道主当得好。我喜欢这么赢，不是赢任何人，而是赢得了自己。

16问：谁是虽败犹荣的运动员？

瑞典乒乓球运动员佩尔森。他最后没有争到铜牌，但虽败犹荣。他参加了五六届奥运会，与瓦尔德内尔一样，在乒坛叱咤风云，最后能打到四强，未能得奖非常遗憾，但却获得了全场分外热情的掌声。他在人们心目中的地位不会比得奖低。为什么呢？他体现了人的一种品质：对自己钟爱的事业锲而不舍。

17问：最不值得同情的输家是谁？

我说过，对参赛国来说，本届奥运没有输家。具体到某一支球队，最不值得同情的输家是谁，大家还是心照不宣的好，况且这支球队在赛程没过半时就悄无声息地蒸发了（笑）。

18问：运动员心理素质对成功的影响是什么？

在最关键的比赛中，心理压力会变成一种决定性因素。越是关键比赛，心理压力越大，这是正常的。比如，在公众场合或镜头前怯讲，是人类共同的心理。压力人人有之。但这是一种自我压力，是运动本身正常的心理活动；我们应当思考的是，是否还有一种外加的、非体育的压力。我最喜欢又最怕看中国运动员的比赛，最怕看的是写在他们脸上的心理压力。

19问：您最喜欢的运动员是谁？

运动员有两种类型，激情的和冷静的。中国运动员中，我喜欢马琳和林丹，他们非常富有激情，而激情是体育的魅力所在。我还喜欢另一种类型的运动员，比如郭晶晶和张怡宁，她们的镇静中包含了自信，包含了技术上千锤百炼所带来的一种自信、自我控制力和松弛感。还有杜丽，我不仅喜欢，还很尊重。她首战失利，因为首金的压力太大了。但她在后来的比赛中终于夺冠，靠的仍是意志和冷静，她战胜了自己，她这块金牌分量很重。

20问：奥运对展示中国形象起了何种作用？

展示中国形象，包括两个方面：一是有意识地展示，二是无意识的展示。有意识的展示，主要是展示我们的形象。比如开幕式，把中国五千年的文化通过富有视觉冲击力和形式感的画面创造性地表现出来，非常成功。还应提到一点，这次我们在奥运的视觉形象设计上非常成功。中国五千年文明博大精深，而且多民族多元化，究竟把哪些符号提炼出来，还不能生硬地交给西方人，简单给他们一个京剧花脸还是不会有感觉，必需把传统的中国符号变成一种现代语言、现代审美。开幕式上那个中国画卷和在画卷上的行为艺术，就是把中国符号同西方行为艺术巧妙交融在一起传递给外国人的，这就比较容易接受了。在平面设计中，中国印、祥云火炬中的祥云图案、奖牌中的"金镶玉"、礼仪小姐身着的青花服装，都是极有眼光和修养地将中国符号选择出来，再用一种现代设计方式变成一种现代语言、现代美，这是值得赞赏和总结的。无意展示的，包括现代的管理与运营方式，观赛的文明和秩序，传媒的开放性以及老百姓喜迎八方客的礼貌和热情，这种文明上的自觉，都非常好地展示了当代中国的形象。

21 问：用一句赞美的话做结束语吧！

如果说梦想比现实美丽，那么这届奥运会是比梦想更美丽的现实。

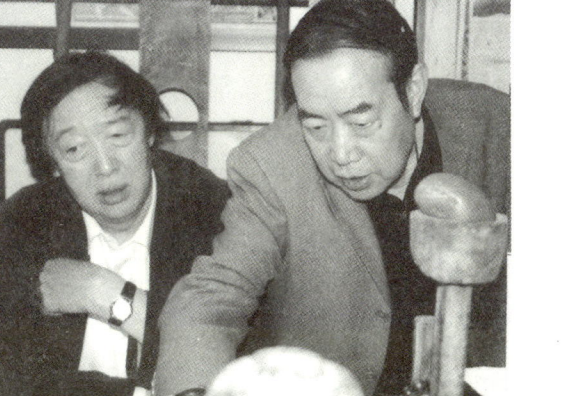

· 心有灵犀 ·

大冯、铁凝相约赵州桥

2002年初秋,一辆黑色奥迪轿车疾驶在京石高速公路上,车窗外秋雨绵绵,驱散了笼罩燕赵大地的高温溽热。车内坐着的是大冯夫妇,目的地是石家庄。应河北省委宣传部、河北省作协等单位的盛情邀请,"冯骥才石门画展"翌日将隆重揭幕,为大冯的甲子省亲画展的第四站也是最后一站,画上一个圆满的句号。

在三个多小时的行程中,大冯谈兴颇浓、毫无倦意,还不时请司机播放他不久前访问俄罗斯时带回的原版CD,于是,一首首耳熟能详的前苏联歌曲的优美旋律,便萦绕在这个小小的空间中。

聊天中获悉,大冯此行除参加画展开幕式、签名售书和到石家庄周边地区参观考察外,还有一个日程,是到他的文坛挚友、时任河北省作协主席、著名作家铁凝在石家庄和赵州桥的家中做客。

大冯和铁凝

大冯与铁凝的交往可追溯到上世纪80年代初。铁凝的第一部小说集《村路》是由天津百花文艺出版社出版的,当时,她只有19岁,穿一件小花棉袄,大眼睛忽闪忽闪的,显得十分质朴可爱。"百花"社的编辑带她拜访大冯,从那时他们一直保持纯朴的友谊。

"铁凝比我小十几岁,但我们同属一代作家。"大冯说,"她出道很早,生活功底深厚,写河北农村的生活,饱满丰盈,又很有灵气,字里行间闪烁着一种很自我的、个性化的光芒。孙犁先生就很喜欢她的小说。孙犁病重时,铁凝还专程来津探望他……"

大冯认为,新时期文学创作的繁荣局面是这一代作家集体开创的,他们具有强烈的社会责任感、澎湃的创作激情,并相互鼓励和支持,这一点非常重要。作为文友,大冯始终关注着铁凝的创作轨迹,从《哦,香雪》到《玫瑰门》;从《无雨之城》到《永远有多远》,"她一直在一种充盈又流畅的状态里,没有低潮,是当代女作家中的佼佼者"。

另外，铁凝的文化素养较高，对艺术、尤其是美术有很好的领悟，这无疑与其家学渊源有关——她父亲是河北省一位知名画家，名叫铁扬。

"我们为什么聊得来？作家圈里懂艺术的人太少了！"大冯一语泄露了他与铁凝关系的"奥秘"。

此番大冯石门画展在一流水准的河北省文学馆举办，该馆乃铁凝凭借其名望和影响，争取到5000万元地方财政拨款建造的，这也令大冯对铁凝愈发刮目相看。

铁凝对大冯一直很尊重，称他为"冯老师"、"冯主席"，却不好意思直呼"大冯"。"别叫主席，叫大冯！"作者亲耳听到大冯一次次纠正她。

在大冯画展开幕式上，铁凝代表主办方致辞，用的是一篇事先准备好的讲稿。她在台上念得字正腔圆，像是朗读一篇课文；因此轮到大冯上台发言时，第一句话便是感谢铁凝为他写了一篇"动人的散文"。

铁凝和铁扬

铁凝与父亲铁扬住在石家庄广播电视塔附近一幢高档公寓里，从其别具一格的室内装修和布置中，可看出父女俩高雅而个性化的审美情趣：带节子的原木屋顶和家具、乡野气息浓郁的雕花窗棂、五花八门的民间家什、器具和小巧玲珑的工艺品，无不令人感到房屋主人的亲自然、亲艺术倾向。

艺术源于生活，正是燕赵这块古风犹存的慷慨悲歌之地，造就了一代代享誉华夏的优秀作家、艺术家，铁扬、铁凝父女便是一例。铁扬1935年生于河北省赵县，即举世闻名的千年古桥赵州桥所在地。现为河北画院专业画家、国家一级美术师，作品多次在全国获奖，并在欧、亚、美洲举办个展和讲学活动。铁扬的画风应归类于表现主义，而绘画内容则从未脱离太行山的沟沟壑壑、冀中平原的一草一木以及庄稼地里热炕头上劳作和休憩的乡间女孩。

父亲的职业无疑对她产生了潜移默化的影响。在某种意义上说，她的小说亦是对这块热土的深情描摹，只是未使用色彩和线条罢了。广西美术出版社推出了一套"鸢尾花"丛书，特邀铁凝、刘索拉、赵丽宏等从作家的视角谈画。铁凝已写了十几万字，而且写得蛮有兴致。而一个不懂画的人是难当此任的。

铁凝有时还要充当父亲"助手"的角色。大冯去铁扬画室看画时，正是她不辞劳苦地帮助父亲从内室取画，又一幅幅摆好与大家品头论足的。什么"梨花系列"、"玉米地系列"、"炕头系列"、"馒头系列"，娓娓道来，如数家珍。如对父亲的"炕

大冯与铁扬（右一）等在河北省赵县铁凝旧居前合影

头系列"，她见解独到："北方民居的格局，一进门就上炕，炕是农村妇女的生活中心、文化中心、生育中心……"

于是大冯打趣道："她谈画比我还内行呢！"

铁扬亦借机炫耀："她在外边是作协主席，在家是我的助手。"铁凝则担心年近古稀的父亲画着了迷，走火入魔。她说，有一次，父亲从画室回家，不小心抹了一脸油彩，门卫认不出他，双方发生了争执。铁凝闻讯前去"认领"，一见面也吓了一跳："哎呀老爸，您怎么一副鬼脸就跑出来了？"铁扬嘿嘿笑了："哦，我忘了洗脸。"

铁扬和大冯

铁扬与大冯神交已久，对他的文化小说和现代文人画赞赏有加，初次谋面便谈得很投机，大有相见恨晚之意。

在铁扬画室看画时，大冯边看边点评，见到精彩之作，便用夸张的语气说："这幅画可不能卖呀！"

铁扬最得意的是他的"炕头系列"。那些坐卧于炕头梳头发、剪趾甲、拍蚊子的裸女形象，个个有血有肉，充满生命活力。铁扬说，他一直在寻觅一种劳动妇女"私人化的、不被人看的"那些瞬间——只有在这个瞬间里，人物的神情才会既专注又松弛，"那是一种生命状态、生存状态，它的每个瞬间都是美的、和谐的"。为了捕捉这些真实的瞬间，他没有使用美术学院的职业模特儿，而是开着一辆破"吉普"，颠颠簸簸到深山老林、原始村落中寻找农家女做模特儿。铁扬的画显然打动了大冯。他说："你的艺术感觉很棒。你已进入一个自由王国，可以将你喜欢的题材信手涂在画布上；同时你又有全然个人的绘画语言和严格的法度……"

铁扬颔首称是："50年代我在中央戏剧学院学油画，受的是苏联绘画的影响，现在虽然没走写实的路子，但颜色、笔触、肌理，还是与传统一脉相承的。"

大冯又对铁扬阐述了他关于创新的见解。他认为，"变"是一种寻找，一种将自己从固有创作模式中解脱出来的东西；但也不能变得太快、太频繁，要有一个相对稳定的时期。"那些艺术大师们为何要在作品中反复推敲每个细节，包括每一个笔触？因为艺术家与普通人的最大不同，是把他的生命转嫁到自己的作品中；即使他物质的生命死掉了，他的精神生命还在艺术中。他只有苦其心智，劳其筋骨，精益求精，锲而不舍，生命才能通向永恒。而现在的艺术家太受商业化影响。他们想拥有的是现在。崇尚物质，崇尚享受，鄙夷精神价值，当这种观念成为社会主流时，艺术不可能获得真正的发展。"

大冯和艺术

铁凝认识一位画家，总是不厌其烦地"克隆"自己的作品。有一次铁凝问他：你怎么老画同样的东西？那人回答：嗨，我这是薄利多销，烙烧饼呢！

冯闻言笑道："我和铁扬恐怕都不会烙烧饼！一个艺术家，他的作品可以市场化，追求却不能市场化。作家的作品写出后，出版商要推向市场卖钱，这是无可厚非的，但作家却不能为了卖钱而写作。我绝不会为金钱而写作。"仿佛意犹未尽，大冯又进一步引申说，"时间就是金钱"、"让一部分人先富起来"，这些提法我也赞成；但古今中外的文人骚客，谁歌颂过金钱，说它多么美妙、迷人？没有。相反，他们总是告诫人们不要见利忘义、惟利是图，甚至说金钱是罪恶的渊薮。这便是作家的立场。作家的立场反映在作品中，会直接影响人们的价值取向和生活态度。所以当整个社会过于迷惘、人们过于功利时，作家要以清醒的头脑和高度的社会责任感，给读者以影响。

大冯与铁凝等步入"冯骥才石门画展"开幕式现场

挤,我便根据事情的轻重缓急,分别加以处理,犹如串珠子,红色珠子穿这条线、蓝色珠子穿那条线……"

大冯写过《三寸金莲》,所有与小脚有关的人都来找他(连鞋店也不例外);大冯写过《一百个人的十年》,许多研究"文革"的人都来找他;大冯在《神鞭》中写过一种可以生发的"祖传秘方",居然引得一些秃头、癞痢头前来求治……自然,找他最多的是文化保护方面的人士,哪个地方的古村落要拆除了,哪种民间艺术要失传了,都会有人十万火急地写信、打电话,请他赶快拿个主意。

艺术,是大冯心中最神圣的殿堂,他仿佛是为艺术而生,又注定要为艺术忙碌终身。

艺术和永恒

大冯邀作者同行时,说得很潇洒:"一块儿出去玩玩!"

哇噻！上了车一看日程表，排得满满当当，无半日空闲，名曰"玩"，其实比干活儿还累。

这是大冯的"传统"，每到一地，必到附近的文物古迹、历史遗存处作一番考察，边看，边听讲解，边拍照片，还要回答各种咨询和提问，为读者签名、为接待单位题字……忙得不亦乐乎。

铁凝曾力邀大冯到距石家庄12公里的佛教古刹毗卢寺一游，那里保存尚好的明代壁画闻名遐迩。所以，大冯在画展开幕的翌日下午，便驱车直奔毗卢寺。

一进寺中，大冯便被满壁生辉的精美壁画迷住了。他举着手电筒，借助移动的灯光依次观赏着一个个神祇、菩萨、仙人、罗汉和世俗人物。流动的彩云、当风的衣带、传神的表情、鲜明的个性，都通过飘洒自如的线条、细腻入微的描绘，栩栩如生地表现出来。看到精美绝伦处，大冯便情不自禁赞叹起来，称其可与山西永乐宫壁画相媲美，感叹明代民间画师的绘画技巧"前无古人，后无来者"。看到壁画因年代久远而出现的"酥碱"、"起甲"、"粉化"问题，大冯又双眉紧蹙，建议结合大学科研，邀请敦煌等地壁画专家前来"会诊"，找到治理毗卢寺壁画病害的方法。

更令大冯兴奋的是，寺中有一对从附近的小安舍村挖掘出土的古代石像，一男一女，裸体，跪姿，雕刻手法与汉画像砖有相似之处，而人物头饰又应比汉代更早。大冯在石像前端详良久，深感内中必有奥秘值得进一步挖掘、考证。于是大冯向当地领导和文管部门发出了"石门三呼"，呼吁重点保护毗卢寺壁画、两尊神秘石像和赵县的佛教经幢。艺术，经过艺术家的精雕细琢，经过历史和时间的考验，具有永恒的生命力。艺术需要创造，也需要保护。而大冯便自觉地肩负起这双重使命。

大冯西安夜访贾平凹

中国人名字中取"凹"者十分罕见,故贾平凹给人的第一印象便是有些怪诞。偏偏他又是个"怪才",外貌上平淡无奇甚至有些土气,在城里生活多年仍乡音不变习性不改,骨子里仍是个淳朴憨厚的农民;另一方面,他又出奇地"内秀",不仅长篇小说一部接一部,文笔细腻质朴,思想振聋发聩,且多才多艺,在书画和收藏领域均有涉猎,在历史文化积淀深厚的三秦大地,堪为首屈一指的大才子。

大红的底色上,"秦腔"两个大字顶天立地格外抢眼,点缀其间的陕西民间剪纸和一方篆刻,突显鲜明的民族和地域特色……这便是贾平凹的长篇小说《秦腔》的封面,热烈、简朴、大气,与它所"包装"的内容同样精彩、同样震撼。

巧的是,第七届茅盾文学奖获奖名单公布时,作者正在西安采访冯骥才首次陕西之行。11月28日晚,大冯刚抵达下榻的西安曲江惠宾苑,便得到贾平凹因长篇小说《秦腔》荣获第七届茅盾文学奖的消息,当即拨通了贾平凹的电话:"我要先看你,再看兵马俑!"

贾平凹的《秦腔》获奖成为当地文坛一件盛事,各大媒体追踪报道不惜版面,领导机关也为两位文坛大家设宴,欢迎、庆功"一锅烩",一时好不热闹。

获奖后的贾平凹可谓春风得意,一件深蓝色衬衣,外套一件浅灰色休闲西装,稀疏的头发也细心打理了一下,质朴中平添了几分潇洒。

前些年里,可能因为《废都》出版后,读者见仁见智褒贬不一,并一度遭到"封杀"的经历,使平凹心理上有些压抑,所以《秦腔》获奖后,平凹的第一反应是拨开云雾见青天,天气好,心情也好,先是到父母遗像前焚香默告,又跑到街上吃了顿羊肉泡馍。接下来的几日里,他的手机便被一波波祝贺声浪所淹没。平凹心想,怎么也得回复一下,说声谢谢呀,于是忙不迭地一次次回复短信,连头也抬不起来了。

当平凹终于闲下时,作者好奇地问他,您在西安生活了多年,怎么又想起创作农村题材的《秦腔》了呢?

陕西第一才子贾平凹

不擅言谈的平凹操着一口浓重的陕西话说："我常回农村，从未与家乡断了联系……"

自称"我是农民"的平凹，曾长期居住和生活在陕西商洛地区，他的许多小说皆以商洛为背景，如长篇小说《商州》等，却很少写到他家乡的那个镇子——棣花村。"在棣花村的19年生活，给我的人生记忆特别深刻。虽然以后住在城市，但下乡采风、体验生活，我都会跑回老家。对故乡发生的任何事情，自我感觉非常熟悉和了解，因为那是我生命的一部分。"

谈到写作《秦腔》的动因，平凹说，他的老家棣花村没有矿藏，没有工业，世世代代依赖土地生存。在有限的土地极度发挥了潜力后，粮食产量不再提高，而化肥、农药、种子等农业成本及各种税费迅速上涨，农民像一只风中的鸡，羽毛翻皱，脚步趔趄，他们无法守住土地，却不知在何处落足。创作《秦腔》的过程特别艰苦。他伏案写作了一年零九个月，第一稿完成后不满意，又推翻重来，前后写了四稿50多万字。《秦腔》终于脱稿时，他对出版社编辑说了一句话：以后可能很少再写长篇了，因为他感到自己的生活积累已被淘空了。

秦腔是西北地区最古老的地方剧种,其唱腔高亢激越,表演时不是"唱",而是"吼"出来的。贾平凹的这一"吼"可谓惊世骇俗,振聋发聩。不妨说,只有诞生了秦腔的这片土地,才会诞生贾平凹、诞生长篇小说《秦腔》。

作为文坛挚友,大冯始终关注着平凹的文学创作轨迹。在他看来,平凹虽少言寡语,为人低调,思想却异常活跃,异常敏锐。一个作家,关键不在于熟悉生活的程度,而在于从生活中认识、发现和感觉到了什么。"改革开放带来人们价值观的变化,否定了许多东西,一时又找不到自己的座标,生活显得比较浮躁、彷徨。平凹敏锐地捕捉到当时社会生活的脉动,写了《废都》,争论很大。有一次在新加坡,有人问我怎样看《废都》,我说,把这俩字倒过来,都废。中国社会抛弃了计划经济的所有桎梏,在寻找出路的过程中出现了迷茫。作家的最大社会功能,就是抓住时代最大的灵魂上的问题,通过生动鲜活的文学形象反映出来,给人以启发和思考。从《废都》、《浮躁》到《秦腔》,平凹的作品不断寻找时代的'压痛点'(敏感处),敢于刺痛社会的神经,远比那些玩弄文字和技巧的作家,对时代关切得多,也有力量得多。而只有刺痛,才能使社会兴奋起来,活跃起来,才可

"这是我的座位"

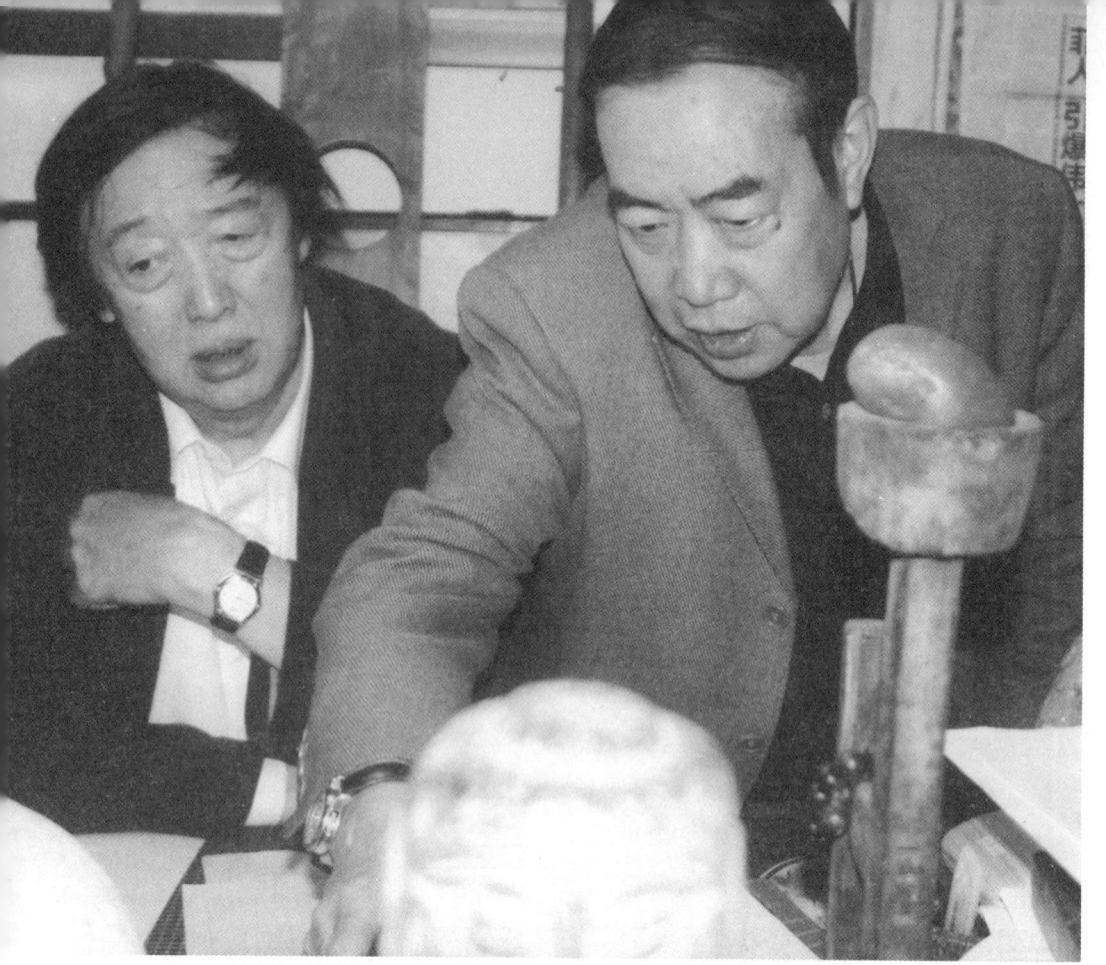

贾平凹在寓所"上书房"接待自己的文坛挚友

能思考和改变现状。"

席间,两位文坛大家频频接受大家的欢迎祝贺拍照采访,直到曲终人散,都感意犹未尽,于是连夜驱车直奔"贾府"而来。

"贾府"位于西安雁塔区青松路一个居民小区,虽然早知贾平凹能写会画,多才多艺,更有玩石雅好,但一踏入他的家门,还是被眼前的景象惊住了。在这套不足200平方米的复式居室内,除了厨房还像厨房外,客厅、书房、卧室、阳台、楼梯,几乎每个角落都堆满神佛造像、陶器石雕、民间工艺品和奇石怪石,琳琅满目,密集得令人喘不过气来。

大冯一进这半是库房、半是博物馆的"贾府",便拍拍挚友的肩膀打趣道:"反正平凹说过,我要到他家来的话,不能多拿,只拿一件随便挑!"

收藏文物古董是老哥俩的共同爱好

贾平凹诚实而憨厚地点头微笑着，用浓重的陕西口音如数家珍般向大冯介绍自己的"宝贝"。

眼尖的冯夫人一眼见到门厅里简直被青蛙"占领"了，不仅有挂在墙上的布蛙、趴在地上的石蛙，还有装在竹筐中的"金蛙"，个个造型生动，妙趣横生。一打听，原来蛙同"凹"音，当属贾平凹的吉祥物。

与贾平凹见面之前，便听说他在质朴憨厚的背后，还有清高孤傲、行为怪异的一面，更有不少关于他贪钱爱美女的趣闻轶事。见到此君后，虽与传说中有些距离，但其言行举止思维方式，也有不少古怪离奇令人费解之处。

譬如说，一进他的书房，抬头可见壁上悬着一块匾额，上面是他亲笔题写的"上书房"三个大字。"上书房"是从康熙皇帝开始清朝宫廷中教育皇太子的地方，平凹何以命名自己的书房？是因为他的"龙凤情结"，偏爱皇家排场，还是想"关起门来做皇帝"，统领独属他的堆积如山的书籍字画、神佛造像、文物古董，在他的艺术王国中自由驰骋？

书房中最令人困惑不解的是一把硬木椅子，椅背上摆放着他的照片，椅垫是一块平滑的和田玉，椅腿处则是一块巨大的动物骨骼化石。"这是我的座位"平凹幽幽地说。谁会把自己的照片摆在椅子上，放在一个碍手碍脚的地方，让外人进来感到心里发瘆呢？

有人说他信佛，有人说他信风水，或许他的"灵感"就来源于此？

在平凹的厨房里，还摆放着几大瓶自己调制的药酒。据知情者说，平凹前些年患有肝炎，一直病病怏怏，却笔耕不辍，勤奋敬业精神可见一斑。平凹因《废都》受挫事业陷入低潮，不料却因祸得福，在医院里结识了一位崇拜他的美女"粉丝"，后来做了他的再婚妻子。妻子比他身高十厘米，走在大街上，令人想起大冯的小说《高女人和她的矮丈夫》。我们夜探"贾府"那天，平凹的娇妻并不在场，不知被他藏在哪个"金屋"里。

最好笑的是贾平凹书橱的玻璃门上，贴着这样两张"告示"，一个是"写作专用柜，可看不可动"，另一个是"四尺书法两万，三尺一万五，画五万起"，大冯见状打趣道："价儿跟我差不多了！"众人哄笑，平凹也跟着笑，然后解释说："怕别人要字要画才这么写的。"大冯继续逗他："人说启功卖字论个儿卖，平凹的书法得按笔画卖！"众人捧腹大笑，笑得平凹挺不好意思。

私下里作者问平凹："您和大冯都画画，平时有无交流？"

平凹答："他原来学过画，有传统绘画的功底，又有文学性在里边，一般人学不了。他的画水平挺高的，相当高……"

"您的画呢？"

平凹憨实而谦虚地笑了："不是一回事嘛！……"

"那您是无师自通了？"

"那倒不是，我的造型不行，就避讳造型，画画情趣而已。"

听到我们的议论，大冯接过话茬说："文人画不必有很深的绘画基础，苏轼、米芾这些人的绘画并不强调技术性，而是抒发画家个人的性情，就跟平凹的画一样。文人画的特点有三：一、直抒胸臆；二、以形写神；三、诗书画印结合。我为此还写过一篇文章《平凹的画》发在《文汇报》上，平凹很满意，是不是平凹？"

他喜欢高古，喜欢元代以前的东西。从他的收藏中，可以看到某些历史的和文化的信息，看到收藏者独到的审美情趣，感受到深厚的历史感和岁月的沧桑感，以及浓郁的乡土气息。谈起自己的这些老古董，平凹如数家珍——这是马家窑的陶罐；这是甘肃天水的佛像；这是汉代的彩陶；这是北魏的石雕；这是唐代的菩萨；这是反映民间习俗的人像、石狮……每展示一件宝物时，平凹都紧盯着大冯的眼神和表情，渴望得到他的赞美和首肯。在一尊无头石佛前，平凹请大冯帮他断代。大冯说，这尊佛像的衣褶飘逸，线条挺拔，与敦煌壁画中的释迦牟尼风格相似，应是盛唐时的作品。而对一件平凹自认为是北魏时期的石雕，大冯仔细辨认看出若干破绽，认为其刻痕清晰可见，缺乏岁月沧桑感，有可能是今人仿造。

平凹的收藏中还有不少民间民俗器物，其中有一对小石像，雕刻了两个造型十分朴拙可爱的小童，一个捂耳，一个捂眼，平凹说，这叫"非礼莫视，非礼莫听"，是陕西农村当作"家训"摆事在家门口的。大冯联系到在陕西考察时看到平凹为一些民间艺人的题词，深有感触地说："民间文化是民间的灵魂所在，一个作家与民间文化的联系，才是与生活更深入、更自觉的联系。平凹做到了这一点。他小说中对人物心理的细腻而准确的把握，是与他对民间文化的深刻认识和理解分不开的。作家里像平凹这样喜欢收藏艺术品的人寥寥无几，而且近乎痴迷，还能'解其中味'，从精英文化到民间文化都有涉猎，这样的作家才有深度和广度。因为他的'底盘'大呀！……"

临别，大冯、平凹互赠礼品。大冯在赠给平凹的为纪念结婚40周年而为夫人顾同昭出版的工笔人物画集上写道："谨以此书为平凹获大奖贺喜！"

作为回赠，平凹将他的获奖小说《秦腔》送给大冯，题字是："大冯夫妇贾府一游留念"。当然，他也履行诺言，送给冯夫人一件漂亮的彩陶。

大冯还为平凹准备了另外一份大礼：邀请他到天大北洋画馆举办贾平凹画展。

平凹心花怒放，忙从厨房中端来一大盘石榴、大枣塞到客人手中，红灼灼的《秦腔》映着平凹的笑脸，满屋里顿时飘荡起一阵温馨的喜气。

韩美林姜昆雨中津门会大冯

2009年6月8日清晨，天气阴沉，随着耀眼的闪电和隆隆的雷声，一场大雨倾泻而下，蒸腾的雾气瞬间笼罩了津门的大街小巷。上午10时许，一位消息灵通人士将电话打到作者家中，称韩美林、姜昆正驱车120公里，直奔天津大学冯骥才文学艺术研究院，中午还要到狗不理大酒楼用餐，"韩美林馋狗不理包子了，他最好这一口。"

冒着雷电和大雨的袭击专程来津，不会是为一顿"狗不理"吧？记者满腹狐疑，抢在第一时间赶到天大冯骥才研究院，才解开了其中的谜底。

在一间四壁皆被书籍占满的书房兼会议室中，大冯正与坐在身旁的韩美林、姜昆一起商讨拟于近期举办的《韩美林手稿展》的每一个细节——从时间、地点、内容、方式，到主办单位和具体操作方案等。大冯边谈边记，还调侃地朝韩美林瞥了一眼："你怎么不记录？"韩美林憨笑着，话里却带着几分狡猾："把你的记录复印一份给我就可以了！"引得众人哄堂大笑。其后，韩美林画兴大发，让助手备好纸笔，一口气画了20余幅形态各异、简练传神又极富装饰意韵的牛、马和裸女，摆满了长长的会议桌，羡慕得姜昆连连悔恨自家没有这么大桌子。

韩美林每画一幅，都要用手指按上自己的指纹，一则打了造假者的饭碗，二则正如他所自嘲的："我是杨白劳！"意即心甘情愿地为朋友"白劳"。画到得意时，还不忘自夸一句："这幅多好，多神气！"

惊叹美林创造力　大冯操办手稿展

在当今画坛，能让大冯每次见面都感到吃惊的，就是韩美林了。他在一篇影响广泛的美文《大话美林》中，这样概括了美林和他的艺术："一刻不停地改变自己，瞬息万变地创造自己，每一天都在和昨天告别，每一天都被不可思议地翻新。""美林世界的一切都是他生命的化身。"

2009年年初，大冯看了韩美林的几本画稿。厚达几百页的集子上画满他奇思

老友相聚在大冯的民间艺术陈列馆

妙想的手稿（草图），有一件东西特别让大冯感动，即韩美林为北京奥运创作的吉祥物福娃。他画了无数个不同模样、不同风格的福娃，千锤百炼，才留下我们今天看到的那五个可爱的福娃。还有，一匹马、一头牛，在他笔下也像变魔术一般，千变万化，无穷无尽：有的古典，有的现代，有的似远古的岩画，有的如抽象派艺术，有的像民间艺术品，有的干脆就是文字和符号！"这些手稿，非常鲜明地、充分地反映了他的创作思维——一种旺盛的，绵延不绝的，充满灵性的创造力，犹如喷泉一样，一个形象接着一个形象，永远不休止、不停顿……"大冯深情地归纳道。

"美林，我给你办个手稿展吧！"有一天，大冯忽然对韩美林说，"我认为，你的手稿比你的画更能体现你独到的艺术思维和创造力。别人十年磨一剑，可能磨得很好；而你一分钟磨十剑，却是别人做不到的。"

"好啊，太好了。"韩美林很高兴。

别有洞天处，雨润情愈浓

后来，文化部也欲为韩美林举办一次画展，听说此事后，决定《韩美林手稿展》在天大冯骥才研究院首展后，移师北京中国美术馆。

大冯说，他太了解美林、太了解他这个人和他艺术的最珍贵之处了。真正的朋友是不会嫉妒对方的；相反，会为对方的每一个成就而高兴而鼓舞。大冯在韩美林艺术馆开幕式上讲过一句话，曾感动过许多人："我站在美林的对面，因身高的关系不能不俯视他，但我从心里是仰视他的，我认为，能看到朋友的才华和成就，是一个人的幸福。我在他面前，经常能感到做他朋友的幸福。"

大冯说，搞艺术的人有两种，一种是爱心中的艺术，一种是爱艺术中的自己。韩美林属于前者，我喜欢这样的艺术家。

患病老友来"减压"　术后却称"不过瘾"

今年一月，大冯在北京开会时遇到韩美林，关切地问他，听说你要做一个大手术？美林说，对，明天我就要住院了。大冯听罢心中一动。他知道美林的病非同一般：他的动脉血管里有一处栓塞，堵了百分之九十以上，随时可能出现危险；血管一堵，人就痴呆了。大冯笑言，无论如何不能让美林变成傻子！但做手术风险又很大，所以国家特意安排他到美国做了一次医学检查。

为了给手术前的朋友"减压",大冯当即陪他回家聊天,讲了好些笑话,尽量舒缓他紧张不安的情绪。一直聊到夜里十点多,该回天津了,美林忽然握紧大冯的手,声音有些颤抖地说:"大冯,我总觉得我也许闯不过这一关了!"大冯一听,断断不能走了。到十一点时,美林忽然接到姜昆的一个电话,他也听说美林要做手术,刚刚参加完央视春晚的节目审查,就携妻李静民和儿子匆匆赶来探望美林。那晚,姜昆的相声《我有点晕》顺利过关,所以一到美林家,就抖起了这段相声的"包袱",美林听罢哈哈大笑,脸上的表情也松弛下来。大冯这才起身告辞,姜昆送他出门——

　"韩美林就交给你了!"

　"放心吧!"

　大冯至今仍保存着韩美林手术时,他爱人建萍发来的手机短信,包括术前韩美林如何开玩笑,哪位医生主刀,一直到手术完成。术后取出一块手指大小的钙化物。卫生部一位副部长在场宣布手术成功。不久,韩美林醒来了,医生问他感觉如何,一向乐观豁达的韩美林竟说:"手术我还没过瘾呢!"

画友心相通

画兴大发

美林自办"娱乐城" 朋友欢聚满载归

大冯认为,爱,是美林艺术激情勃发的原动力。他的爱是广角的,对爱人,对朋友,甚至对一切人,都慷慨相待,以至看上去有些"挥金如土"。"美林是我见过的最阳光的画家。"

《大话美林》中讲过这样一个故事:

韩美林与建萍热恋期间,有一天,他接到建萍从外地打来的电话,说当晚就能回到北京看他——从那一刻起,他充满爱意的心就开始歌唱。他边"唱"边画,各种美好奇异的画面源源不断从笔端流泻出来,直到恋人翩然而至,画笔方歇。不到一天,他竟画了179幅小画!这些画后来被烧制成精美的瓷盘,悬挂在他家的一面长墙上,成为艺术家爱情的见证。

大冯说,尽管韩美林的画作在市场上很昂贵,你到他家去,只要高兴他就画,画了就送你,包括随从人员,每人一幅。每次政协开会,他家都会有一次大

Party，我们管他家叫"娱乐城"。他的客厅里摆放着一架白色钢琴，来人都拿一支黑墨水笔在琴上签名，签得白琴已变成白地黑花琴了，所有你认识的名人的名字几乎都在上面。有一次在他的美术馆里搞活动，濮存昕、吴雁泽、王铁成、殷秀梅、潘虹……一大群名人抓阄分他的画，共做了100多个阄，大冯负责做阄。当时，潘虹很喜欢韩美林的书法作品《佛缘》，便流露给大冯，大冯便将这个号码"偷"出来成全了潘虹。结果是，每个人都满载而归：怀里抱着一件漂亮的"窑变"陶瓷，腋下夹着画，肩挎一个民间土布背包，手里可能还有一两本画册，整个一个"打土豪、分田地"的阵势！

"他从来不把这些东西当钱，"大冯说，"那不过是他感情的载体，正如同昭（大冯爱人）说的，大家快乐，他就快乐了。他的心灵才是最富有的。这是他保持永不衰竭的创造生命力的一个重要条件。"

美林画牛我吹牛　不是冤家很对头

"美林画牛我吹牛，不是冤家很对头。话家画家两行当，虽不同屋但合流。"这是姜昆的一首打油诗，出自《姜昆书法集》。

姜昆与韩美林相识相知已有三十春秋。30年前，韩美林是全国青联常委，姜

《牛》　韩美林作

《猫头鹰》 韩美林作

昆刚入青联,尚属小字辈。他最得前辈赏识的是机灵能干,大家要是喝酒小聚,他立马去买花生豆。

"韩美林,我第一崇拜他的艺术,第二崇拜他的人格。"姜昆在饭桌上边享用香嫩可口的"狗不理",边对作者描述他心中的韩美林,"他平时说话从不咬文嚼字,都是大白话。他懂绘画,懂雕塑,懂国学,懂音乐,一聊起贝多芬、施特劳斯,聊起贝九、《命运交响曲》,无不了如指掌。他还酷爱民族民间艺术,他扯着脖子唱歌时我都害怕——害怕他把血管迸裂了!这么博学多才的人从来不摆大师的架子。72岁的人了,还拿大顶呢!有时天真得像孩子一样。美林还有个最大特点:他总对人说,你知道吗,我觉得我刚刚开始!认识他多年了,这句话总挂在他嘴边。你永远听不到他说要安度晚年之类的话,永远是刚刚开始,永远是在工作状态……"

与大冯对韩美林的评价一样,姜昆也认为,结识美林这样的朋友,是一辈子的幸福与缘分。他脑子里从来没有高低贵贱之分，对所有人都非常真诚。他是一个天才、一个不可多得的天才、一个国宝级的艺术家，心里又装着人民，太难能可贵了。他把心都掏给别人，被骗了也不知道。王铁成说过，"韩美林的作品一半给了朋友，一半给了贼。"还有一位名人说过："如果韩美林说一个人坏，这人肯定坏；如果他说一个人好，你也别全信！"最令姜昆感动的是韩美林的那句："最难写的两个字是'祖国'！"他光着膀子流着汗，对祖国的一片赤诚之心，无半点虚假！

耳濡目染当学生　姜昆变成书法家

近期，姜昆要在苏州建立一个"姜昆个人收藏馆"，其中最主要的藏品是30年来收集的韩美林的作品。

"我经常到他家，看到喜欢的东西就据为己有，"姜昆得意地笑说，"他家的艺术品太多了，足有上万件！我就帮他收藏一些，有时不好意思拿，他甚至督促我：赶快拿走，不然就是别人的了！除了艺术品，他写错的字，给我的一个字条，我都要裱好收藏起来……"

姜昆长期与韩美林交往，耳濡目染，竟也喜欢上书法，老师当然就是韩美林。他告诉姜昆，写字一是要慢，不可草率；二是不能张牙舞爪；三是要用短粗的笔，字才能"老苍"、力透纸背。问到书体与老师是否接近时，姜昆摇头道，韩老师是正儿八经的颜体，加上隶、草，形成自己的鲜明风格。他说自己还没有什么风格可言，只是尽量做到笔笔有出处。目前，他已举办过一次书法展，出版过一本书法集，也称得上书法家了。

相声艺术不景气　最缺修养和创新

由大冯、韩美林的博学多才，谈到艺术家的文化素养问题，姜昆深有感触——"我认为，我们现在最缺的是修养。大众娱乐的东西需不需要？需要，但不能成为主流。我为何到天津来？也想通过正在举办的全国（天津）相声新作品大赛，重振《津门曲荟》的雄风。相声不景气，创作是最大问题；创作的最大问题，则是作者文学功力不够、生活功力不够，驾驭相声语言的功力不够，从而严重阻碍了相声艺术的发展。马三立一个《逗你玩》能流传下来，是长期舞台实践中，一个艺术家与观众相互交流、揣摩观众心理、投石问路、投其所好，不断积累的方法和经验，这就是功力，不是三言两语能说清楚的。"

姜昆还以大冯为例："他的很多话都是经典，我们相声演员缺的就是这个。记得大冯曾经说，他与小彩舞，一个住楼上，一个住楼下，小彩舞高度近视，抬头也看不清是谁，大冯一低头就能看见她，两人正应了一句老话：'抬头不见低头见'，这绝对是相声的语言，是深厚文学功底的表现！"

问到相声不景气，是否还有一个不敢讽刺的问题，姜昆说，现在中国已经这么开放、民主，不存在不敢讽刺，只存在如何讽刺的问题。观众的欣赏水平越来越高，民间就有很多精彩犀利的讽刺，如果我们相声演员没有新的提炼、新的套路，讽刺水平还不如一般观众，谁还会听你的？一部电视剧《潜伏》，为何引起这么大反响？因为它打破了谍战片的传统套路。所以最关键的还是创作思想问题。艺术家必须不断出新，才能跟上时代的发展和社会的进步。

·性情中人·

参观大冯
—— 大冯是一座博物馆

他不喜欢别人称他为作家、画家、文人或知识分子，因为所有这些称谓都具有某种局限性，都不足以令他进入一个更加自由地把握生命本体需要的境界。

只有"文化人"最适合他。

他的头脑像是一座挖掘不尽的思想和文化宝库。他每天都享受着人类创造的一切文化成果，并在他所涉猎的每一个领域都有独到的发现和见解——从文学到美术，从民俗到考古，从足球到音乐……他真是个精神上的富翁！

不仅如此，近年来他还大声疾呼并身体力行，导演了一系列保护城市历史文化遗存的"文化行动"。

这便是"文化人"冯骥才，熟悉他的人都亲切地称他"大冯"。

大冯给自己画像

"我与一般作家有个很大不同。"大冯在他那间被各种书籍、字画、彩陶和石雕装点得琳琅满目的书房兼客厅的沙发上，神态悠然地翘着二郎腿，向作者勾勒着他的"自画像"："我首先是一个不修边幅的人，站没站相，坐没坐相，吃没吃相，头发乱七八糟，衣扣经常扣错，袜子经常穿反；偶尔穿一次西装，打在脖子上的领带像是拴牛的绳子，走在街上，还以为是跑出去的牲口。

"在一般人眼中，作家应当像张贤亮那样，戴副金丝眼镜，西装革履，文质彬彬，我呢，穿上西装浑身难受，觉得不是西装为我服务，是我为西装服务；作家的逻辑性较强，我却喜欢感情用事，心血来潮……有一天早晨，我本来情绪不佳，可一欣赏西洋古典音乐，一瞬间仿佛云开日出，眉清目朗，当即铺纸濡毫，写出一条幅：'万般愁绪，百挥不去；一呼即来，十足精神'，被朋友当作书法'神品'索去。总之，从外形到对生活的感觉方式，我身上具有的特征大部分是画家的而非作家的……"

先看见"画",再写成"字"

曾将大冯的小说《雕花烟斗》译成英文的美国学者苏珊女士写过一篇文章,称大冯的小说"先在头脑中想象一个画面,然后再把画面写出来,仿佛他完成的不是文学,而是绘画。这可能与他先前曾是一个画家有关系……"。

真是一语中的,真知灼见!

读过巴尔扎克小说的人都知道,此公写作时,惯于将空间环境描写得过分细腻、精确和繁琐,连一座公寓的泄水管都不厌其烦地具体交待。大冯认为,巴尔扎克非画家,有画家感觉的人未必如此事无巨细——关键是写出画般的意境。

戴礼帽的大冯

大冯写小说,往往是先"看见"一张脸、一个空间、一帧老照片、甚至一束花,让这些东西在思绪中渐渐成熟、鲜活起来,一部小说的情节构思也就接近完成了。

与"爱人"保持一段距离

进入90年代以来,大冯是将文学和绘画作为一柄"双刃剑"来使用的,他本人也不断变换着角色——有人戏称他为"两栖动物",有人则形象地称他有了文学的"婚外恋"。

在大冯眼中,文学是用文字来作画,所有的文字都是色彩;绘画是用笔墨来写作,画中的线条、色彩皆为语言。

而绘画,必须在一定阶段里与之保持距离,才会刺激出强烈的创作欲望和全新的绘画语言,犹如爱人抚摸你的手,只有离开一段时间,重新抚摸时才有感觉。

迄今,大冯已与绘画保持了两年的距离。其间,他不断感觉着纸、笔和颜色,经常在头脑中"作画";在读别人的画作时,也琢磨着关于绘画的种种问题。当他再次拿起画笔时,将会给世人一种全新的、更加挥洒自如的感觉。在这些新画中,他会用更多"模糊"的语言来表达丰富的内心世界;会更注重画面内在的纵深的延伸(而非画面两边的延伸)。这种妙不可言的感觉他已捕捉到了,并曾尝试一二。但他尽量克制自己,引而不发——他更喜欢"迸发"。

服从艺术,不服从市场

大冯的画已进入市场,且收藏家出价不菲。但他偶尔卖画,只是为了出版抢救城市文化遗产的公益事业。他只服从艺术,不服从市场。他历来注重研究读者的接受心理,注重与大众沟通,但决不降低自己的艺术理想,决不媚俗。

大冯认为,当前中国文艺的最大敌人是平庸。造成平庸的原因,一方面是我们处于一个物化的时代,物欲横流,急功近利,太重实际而不重精神;另一方面,市场炒作把很多平庸的东西人为拔高,对很多高雅纯净的东西又视而不见,鱼龙混杂,形成市场选择、消费专制,使文艺创作缺乏激情,缺乏如丹纳那样"为思想而活着的人",这就很难诞生大手笔、大制作和传世经典。

"土破烂"、"洋破烂"他都捡

大冯每次从国外访问归来经过海关时,已认识这位身高一米九二、"鹤立鸡群"式的"文化人"的边检人员,都会对他超量的行李包裹付之一笑:"冯先生又捡了多少破铜烂铁回来?"

大冯漫画像　丁聪作

大冯在自家露台营造了一个小小的艺术空间

　　大冯万里迢迢背回的可不是什么"破烂"。

　　无论埃及克普特时期的石雕，古希腊建筑中的瓦当，还是奥地利彼得玛耶时代的油画和巴洛克时代的银雕像，都令他意醉神迷，爱不释手——那是一个国家和民族历史文化的缩影啊！

　　他的兴趣爱好实在太多，收藏文物古董只是其中一项。

　　他很少到古玩店或拍卖市场买东西，觉得那是经过别人选择的；他喜欢遛摊儿，下乡逛年货市场，老百姓从家里扛来的瓶瓶罐罐，别人不识货，他则可通过自己对书画文物的鉴定知识和独具慧眼的审美，将其挑选出来变成价值。他喜欢这样的发现。他收藏的最大乐趣亦在于此。

　　他的藏品中，有马家窑和西汉的彩陶，北魏和唐代的石像，明代的大门，清

大冯收藏:宋代之天神像

代的马车和近代的民间木版雕刻等。那扇明代大门,形制优美,要七个人才抬得动,是他抢在一个比利时人之前,花费几万元购得的。

他的"大树画馆"里,还陈列着不少佛像。当初,他从文物贩子手中买来这些佛像时,便考虑到它们可能来自未加保护的田野、寺庙或"文革"中的散失品,故准备出版一本图录,名为《文藏雅集》,供有关方面辨认后"完璧归赵"。

重要的不是呼吁,是行动

大冯不愿以作家、画家相称,因为它太职业化,而职业对人的潜能是一种限制和约束。

大冯不愿以"文人"相称,因为它太优雅,太休闲,缺乏社会责任感,在现代社会中,他更喜欢责任感——他的主要生活经验来自"文革",其命运与国家和民族的生死存亡息息相关。而今,他已逾"知天命之年",正是人生最成熟、最饱满和最辉煌的时期,对他今生今世要完成的使命心知肚明。著名导演、也是他的挚友谢晋曾好意劝他:你的精力太

大冯收藏：古董留声机，美国爱迪生工作室出品

分散，如集中干任何一件事，都会了不得！有人劝他专门写作，有人劝他专门画画，有人劝他专门呼吁城市文化保护……当各界人士都希望"分走他一块"时，他认同了"文化人"这一概念，对一切文化艺术手段均可随手拈来，任意驰骋，胜似闲庭信步——这样既适应他的社会责任感，又满足了他生命本体的需要。

"我认为当前中国知识分子有一个重要责任：文化责任。如现代化的负面问题，我们更关注的是环境和资源问题，而城市性格问题若不引起国人重视，再过20年，城市的历史文化遗产便会荡然无存。所以，我现在几乎像武训一样，到处奔走呼号……"

1996年，是大冯的"沙漠年"。春天，他在尼罗河畔踩着被毒日头烤红的沙砾，去寻觅埋葬在大山深处的三千年前法老们的精灵；几个月后，他又应中央电视台邀请，为大型历史文化系列片《人类的敦煌》撰写脚本。当时，他与导演孙曾田乘坐一辆快报废的破车，在古道牛车般的感觉中穿越时光的隧道，领略着千载"丝绸之路"的神秘风采。

敦煌，将他对历史、文化、佛教和艺术的想象"疯狂地燃烧起来"。

当他进入写作时，才明白他已把一座博大精深沉重无比的大山压在脊背上，并不时"听到自己脊梁骨嘎嘎作响"。

那阵子，他的贤内助顾同昭，经常在他睡过的枕头上，捡起一绺绺脱落的头发。为了避免丈夫伤心，她将头发偷偷藏匿起来。

大冯的生活很简朴，由于身患糖尿病，他只能少食多餐，基本是粗茶淡饭，但配比合理，由夫人精心安排伺候。

为支持文化事业，大冯卖过一些画。于是很多人将其当成"大款"，出书的，看病的，做买卖的，娶媳妇的，都找他伸手借钱。大冯苦笑道，这是个悲哀，我不过是个"文化人"，只有少得可怜的工资，稿酬也不及那些高产的青年作家。偶尔卖画时，他感觉与献血无异。

但谁会怀疑，精神的富有才是真正的富有哪。

敦煌莫高窟第45窟窟内唐代观音菩萨

《守望民间》封面

大冯与余秋雨

"我是一个足版的冯骥才"

—— 大冯趣谈自己

大冯在湘西凤凰采风

为何称"大冯"

巴金叫我大冯,冰心叫我大冯,当了文联主席大家叫我大冯,如果再往前追溯的话,早在我年轻打篮球时,球友们便称我大冯。

为何称我"大冯"?因为我个子高,叫起来亲切,没有距离感。逐渐习惯了,我也愿意接受这个称谓。

我是一个完美主义者

我觉得我是一个理想主义者,无论对事业、对情感生活,都是理想化的,这恐怕是搞艺术的人的一个本性;我又是一个完美主义者,特别追求事情的完美性,事必躬亲,所以我当不了领导,只能经自己的手,非常严格地把事情做出来,力求完美,每一个细节都不会放过。

我在谈话时,你会发现我的大脑高度紧张,实际上我是在寻找最恰当的词汇来表达最准确的含义,追求思考的严谨性、逻辑性、准确性。我同时兼有两种素质:我的父亲是浙江宁波人,有南方人的精明、细腻、情感化;我的母亲是山

在那桃花盛开的地方

一份智慧。

妻子为我牺牲了自己的事业，所以，在我们结婚40周年即"红宝石婚"时，我把她的人物白描画稿编成一本画册，范曾看到了，建议书名叫《霓裳集》，并亲笔题写了书名；然后我作了序，精印后送给我们俩共同的朋友。

我喜欢一种精神：舍我其谁

我们这代文化人有一个特点：从年轻时，就把个人命运与国家和民族的命运紧紧联系在一起，它是一种天生的责任感，不是外部强加给你的；也可换一种说法叫"良心"，即社会责任。我主张人文知识分子要有一种自觉的社会责任感。

我喜欢古人的一种精神："舍我其谁"，我就是这么走过来的。

比如写作，起初完全是凭我的兴趣。当时正值"文革"，我悄悄把耳闻目睹的

大冯与巴金

周围人的遭遇记录下来,把写满文字的纸条塞到被子里、墙缝中;后来担心被发现,又把它们用油纸缠紧,拔下自行车鞍座,塞进自行车横梁的空洞中。一直到1976年唐山大地震,家毁了,我从废墟里爬出后,首先想到的就是寻找和清理这些文字的碎片……

正是对"文革"的切肤之痛和深刻反思,使我新时期的文学创作思如泉涌,写出了《铺花的歧路》、《啊!》、《一百个人的十年》等"伤痕文学作品"。

当时作家都有一种急切的心情:为中国的改革开放鸣锣开道。因为当时的改革遇到了许多问题和障碍,政治的、观念的、文化心理的,一些作家便从文化心理切入,写中国的社会变革问题,揭示国民心理的阵痛、精神的阵痛。我从上世纪80年代到90年代初,创作了一系列文化小说,小说中充满着对传统文化的反思和对国民性的批判。如《神鞭》和《三寸金莲》。《神鞭》还被改编成电影。电影里的辫子剪了,而生活中的辫子还未剪,我们头上还有一条古老的、沉重的、粗大的辫子,阻碍着社会的进步和发展,年轻一代应当果断地将其剪断。

我是一个足版的冯骥才

很多人问我:你是如何从一个作家、画家变成一个文化保护学者的,如何完成这一社会角色的转换?

我回答:不是转换,是转而未换。

进入21世纪,蓦然回首,发现中国660座城市的面貌基本趋同了,我称之为"造城运动"。世上没有任何一个国家,将自己城市的所有文化记忆、历史遗存和积淀全部铲平,几乎是重建一座城市。这样的城市,我见过的只有德国的杜塞尔多夫(毁于"二战"战火)和唐山。人文知识分子对文化是有自觉的,所以从2003年起,中国的文化界、民间文化界开始关注和实施民间文化抢救工程。我们找到了一个突破点:非物质文化遗产的认定和保护。非遗,已成为我们社会的一个关键词,形成一个比较完善的保护体系。包括国家文化遗产日的确定、三个重要传统节日被列为法定假日等,是一件很了不起的事情。除此之外,我也从未停止我的文学创作和绘画创作。所以,我是一个足版的冯骥才。

名人是媒体连续剧的主角
—— 大冯妙解最新关键词

全球化与商业文化

上世纪90年代以来，随着改革开放的第二次浪潮，有一个词汇进入我们的生活——全球化。

全球化是把双刃剑。20世纪人类所有伟大发明都带有负面作用。例如手机，给通讯联络带来极大方便，纵使你走到天涯海角，也不会与他人失去联系；另一方面，正如冯小刚的电影《手机》中所描绘的，手机同时也变成了人际关系的一颗"手雷"。又如电脑、电视、汽车，在为全球化带来最大恩惠的同时，也产生了最大的负面影响。

反思一下，我们从农耕社会向工业文明转型的过程中，不是西方线型的渐变过程，而是"文革"式的突变过程，在此过程中开始文化重组、文化转型。中国人创造了辉煌灿烂的文化，非常了不起；但在毁坏自己文化方面，也是全球少有的。尤其在"文革"中，中国文化的记忆从混乱到模糊，从模糊到稀薄，从稀薄到只剩一个空架子，像个不堪一击的松脆鸟笼时，我们又进入一个市场经济的时代。

所谓"全球化"，即商业化、市场化，物欲横流，精神贬值，放眼看去尽是麦当劳、超市、NBA，是各种时尚品牌，是劲歌劲舞，是沙尘暴式的、一次性的、粗鄙的商业文化，瞬间弥漫着国人的心灵。

媒体与名人

名人是什么？我认为都是媒体创造的"媒体英雄"。媒体是什么？当然是传播媒介，也是企业，也要有卖点，而最容易操作的就是炒作名人。

名人是活商品，媒体先打造名人，将其变成英雄，变成巨无霸，有超凡绝俗的本领，然后再打倒巨无霸——名人身上发生的一切都是卖点：绯闻、官司、走光、露点、车祸、得病、去世……所有名人都是媒体连续剧中的主角。在媒体霸权的时代,已无人爱看单本剧,都是长篇连续剧。甚至有些名人,为炒作自己故意出丑,出了丑,一炒作更有名,商业价值更高,邀请的人更多,这不就是商业文化吗?

时尚陷阱

商业文化的另一道菜是时尚。时尚是市场的陷井,许多时尚都是人为制造出来的。今年时兴长裙子,所有长裙都好卖;手机的更换率高,款式便不断翻新……商业文化一定

大冯漫画像

不是建设性文化,一定要把原有的东西推翻,才能不断把钱从消费者的口袋里掏出来。这似乎有些残酷,但非如此,便不能看清我们目前所面临的文化环境。在这样的环境中,最大的问题是精神贬值。画家谈论最多的似乎是画价问题,其实画的价格和价值未必是对等的;于是兴起炒画家、炒作家、炒上座率,似乎谁的画价最贵,书最畅销,上座率最高,谁的身价地位也越高。

这样一来,当然精神贬值,当然远离经典,当然会出现一些"时尚作家"的排名超过曹雪芹和鲁迅的怪现状。在这样的商业文化里边,几乎找不到我们传统文化的形态了。

金字塔结构

中国文化的最大问题是,缺乏自己的文化战略。世界上任何文化发达国家,其文化都是一个金字塔结构的,金字塔的顶峰和塔尖,是这一时代文化发展的一个高度,一面旗帜。试想,如果"五四"没有鲁迅、巴金、郭沫若;如果俄罗斯没

有托尔斯泰、列宾、柴可夫斯基,其文化也必然会黯然失色。我们的时代需要文化大家,世所公认、名副其实的大家,而非某个机构评选出来的。文化大家彰显着一个国家文化的实力、影响力和号召力,也是对外文化交流中,一个可以引为骄傲的文化主体。

文化稀薄

瑶族的《盘王图》,我第一次是在维也纳看到的,从一位商务参赞那儿。他搜集了大量中国文物古董。我在国内都未遇到这么好的《盘王图》,被外国人买走,实在可惜。我还在云南大理一家古玩店看到一本法国出版的画册,有一个法国人专门研究《盘王图》。湖南的很多宝贝被你们自己卖出去了,而文化遗产是不可移动的。之所以说我们大地上的文化稀薄了,是因为它们分散了,从诞生它们的土地上失踪了。这些宝贝有见证历史的价值,拿到另一块土地上就只有观赏价值了。在美国新英格兰州,文物保护部门把19世纪中末期以来6个乡镇的教堂、面包坊、小学校和街道石板路集中起来,重新拼合成一个古村落。这是世界上保护古村落的一个通行方式。山西的关中博物馆便是采用这种方式建成的。总之,要把自己的宝贝留在自己的土地上。

大冯主编《中国民间美术遗产普查集成·贵州卷(上)》封面

大冯主编《中国木版年画集成·甲马卷》封面

·附录·

大冯和一个洋学者的跨国缘

冯骥才与俄罗斯文学有着难以言说的不解之缘。他是读着屠格涅夫的小说《初恋》开始初恋的，青年时代便饱览了俄罗斯文学巨匠的作品；当他成为新时期文学的一颗新星时，他的小说最早也是被译成俄文走出国门的。正是中俄几代翻译家，成为联结中俄文学的"心灵的桥梁"。近日，一个相关图片展正在天大冯骥才研究院展出，展览的两位关键人物也成为人们关注的焦点——

欢聚

初冬，金黄的秋叶尚未凋零，一泓碧水刚刚结上一层极薄的冰面，而透明的冰面下，美丽的鱼儿却游得正欢。11月18日上午，天津大学冯骥才文学艺术研究院的阶梯式共享空间中，传来一阵熟悉而优雅的旋律，那是天大北洋合唱团深情演绎的俄罗斯民歌《喀秋莎》。歌声中，"心灵的桥梁——中俄文学交流国际研讨会暨中国木版年画在俄罗斯图片展"隆重揭幕。只见俄罗斯国旗上的蓝、白、红，中国国旗上的红、黄五种颜色的气球腾空而起，聚拢在共享空间顶部的天窗上。精妙的创意，融洽的氛围，令在场的中俄嘉宾个个喜形于色。

虽为国际文化交流活动，却毫无语言障碍：无论是活动的灵魂人物、妙语联珠的冯骥才，还是器宇轩昂的俄罗斯驻华使馆公使，致辞中一律是流利的中文，可以说，从心灵到语言，两国的作家学者早就息息相通了。

进入展厅，像文物一般密封于玻璃柜中各个时期的俄罗斯文学著作的中译本；普希金、托尔斯泰、契诃夫、屠格涅夫等文学巨匠的自画像和小雕塑；中国翻译家的图片和译作目录；以及俄罗斯收藏的中国民间木版年画，犹如一条漫长的历史长河，汩汩流过人们的心田……在中俄关系风云变幻的近百年里，文化和文学的交流或许从未停止过。这样一个涉外的、深入的、大信息量的文化交流活动，或许也只有大冯堪当重任。在活动现场，最引人注目的还有一个人，他就是俄罗斯科学院院士、著名汉学家李福清。他面色红润、银发银须，年届七旬仍精神矍铄，清瘦的身躯里仿佛蕴藏着巨大的热情和能量。谈起大冯与李福清相识相交的缘分，还需从大冯青年时代迷恋俄罗斯文学开始。

初恋

大冯说，世界文学对他影响最大的，一是法国文学，二是俄罗斯文学。法国作家中，巴尔扎克批判现实主义的深刻性和冷峻性，对社会观察的严谨和锐利；罗曼·罗兰作品中洋溢着的艺术气质，如以贝多芬为原型的《克利斯朵夫》，都曾令他着迷。俄罗斯作家中，对他影响最大的是契诃夫和屠格涅夫。"你从我的文字中可以找到屠格涅夫和契诃夫的一些东西，"大冯说，"比如我的散文就特别受到他们的影响，有一种唯美的伤感的气质；还有两人作品中的景物描写、文字中的画面感，以及契诃夫的那种灵动、灵透，对小人物命运的关怀，对自我灵魂的拷问（托尔斯泰、陀斯妥也夫斯基亦然）等。"

大冯与王蒙在研讨会上

普希金自画像

青年时代的大冯在学画过程中，深感中国画中的题跋学问很大，没有一定的古典文学修养是不行的，因此曾向著名学者吴玉如先生严格学习古文，并受益匪浅。后来他又结识了另一位学者张赣生。张收藏了大量古今中外文学名著，大冯从他手中借到的第一本外国文学作品，即巴金的夫人萧珊翻译的普希金中短篇小说集。至今，大冯谈起小说集中五个短篇、六个中篇的还如数家珍。其中，与普希金的《阿霞》篇名相近的，他还能举出《阿列霞》、《阿依霞》。"我读到的屠格涅夫的第一篇小说是《初恋》，那也正是我初恋的时候，当时20来岁，正处于人生的梦幻期，情感丰富，充满美好憧憬，一看就被感动了；而且他的语言太优美了，我认为是所有西方作家中文字最优美的。萧珊的文笔又特别好，翻成中文仍是经典。当时我是天津篮球队队员，别人打球打累了，回到宿舍倒头便呼呼大睡，我就在灯下大读外国小说。《普希金抒情诗集》、他的中篇《上尉的女儿》、长诗《青铜骑士》全看完了，然后看果戈里的《死魂灵》、《莱蒙托夫诗集》……不光借书，我还把每位作家的书都买齐了，仅托尔斯泰的作品，我就收藏了郭沫若、高植、董秋思、草婴的四种译本！"

尤令大冯难忘的是，"文革"抄家时，他珍藏的大部分书籍都被付之一炬，只有一本《石榴石手镯》封皮被撕破，他偷偷捡起，把自己的破旧蓝布衣服剪了，做成硬壳的蓝布书皮，陪伴他度过了无书可读的岁月。

挚友

1981年的一天,大冯接到天津外办通知:一位俄罗斯学者想见他,此人便是俄罗斯著名汉学家李福清。正是他与汉学家索罗金等,将大冯的小说《啊》、《铺花的歧路》翻成俄文,在俄罗斯文坛产生了很大反响。聊到俄罗斯文学,李福清问:你熟悉俄罗斯的作家和作品吗?大冯笑了,说,我给你背首诗吧:"再见吧,自由的元素,最后一次了,你在我面前闪烁着骄傲的容光……"从头到尾,他一口气朗读完普希金的长诗《致大海》,把李福清惊呆了。

从此,大冯和李福清成了挚友。

1982年,大冯的《高女人和她的矮丈夫》被李福清译成俄文。当时苏联尚未解体,还受传统文艺观的影响,所以有人大感不解地问:"这是中国的小说吗?这不是法国小说吗!"《这里的黎明静悄悄》的作者瓦西里耶夫看罢大冯的小说《啊》后,也十分感动:"冯对人物内心痛苦和欢乐的关注深深打动了我,请代我向他表示敬意!"其后,李福清先后编辑出版了大冯和王蒙的小说集,在俄罗斯发行量高达数万册。

大冯说:"李福清的汉学研究非常罕见,他能用中文撰写研究中国文化的书籍,写过一本研究中国武圣人关公的书、一本论述中国古典小说与民间传说神话关系的专著。李福清还一直在做我的研究。我们俩熟到何种程度,我可以给你讲个小故事……"

契诃夫小说《套中人》插图

有一次，李福清前往德国科隆探访老友、德国汉学家马汉茂。马汉茂说，你就住在我家吧，然后交给他一把钥匙，告诉了他详细地址。李福清人生地不熟，好不容易在一条老街上找到马汉茂的家，又怕门牌号码记错，有些犹豫不决。试着把钥匙插进去，一拧门就开了，但仍怕万一进错了门，岂不是私闯民宅了？所以，他开了灯，先站在门口朝屋内巡视了一遍。忽然，他眼前一亮，一块悬着的石头终于落了地——原来，他在书桌上发现了一张大冯的照片（马汉茂也是大冯的朋友）。后来，他将这件事告诉了大冯："你救了我一次！"

桥梁

在"心灵的桥梁"——中俄文学学术研讨会上，以翻译俄罗斯文学著称的翻译家、画家高莽说过一句意味深长的话："你现在可能不理解他（大冯），等他百年之后就会明白他的价值和意义。将中国与外国、古代与现代、经典与民间、文学与艺术全都弄通的人，很难再找到第二个了。随便一个领域，例如中俄文学交流，本来不是他研究的主要领域，然而他的研究却比别人深入得多。"

的确，这似乎不是大冯的事，却只有他能干得这么好。

大冯对俄罗斯文学有着独到的理性思考："想起俄罗斯，就会想起茫茫大草原，想起散发着松脂气息的原始森林和原野上的白桦树，想起那些优美又有几分忧伤的民歌，想起俄罗斯作家对生活、对大地和人民的热爱，对真善美和假丑恶的鲜明立场，还有独特的文学气质、语

屠格涅夫小说《初恋》插图

言、风格、手法，都对我们产生了深刻影响。"

在新时期中国文学中，首先被介绍到俄罗斯的是大冯的作品。除了李福清，俄罗斯已有四代人研究和翻译他的作品，被译成俄文的多达23部，如司格林翻译了他的《俗世奇人》，这本书目前已有了汉俄对照本；他的

俄罗斯油画中的中国年画

《高女人和她的矮丈夫》已被选入莫斯科大学的教科书；远东文学研究所的阿比洛娃，则是专门研究他的学者，撰写过很多学术文章……此次研讨会上，圣彼得堡一位大学教授说："一个好的作家应有两种基本素质：第一必须写人类共有的情感；第二必须具有本国的文化特色。冯先生二者兼备了，现在又站到中俄文学交流的前沿上，所以我们特别高兴。"

为勾勒中俄文学的百年历史，大冯用了整整一年时间，搜集整理各个历史时期俄罗斯文学名著的中译本，从一百年前中国最早的翻译家林纾翻译的三本托尔斯泰小说，到"五四"时期鲁迅、郭沫若、巴金、茅盾、老舍等翻译的苏俄文学作品，再到建国后的《青年近卫军》、《钢铁是怎样炼成的》、《毁灭》、《铁流》、《静静的顿河》等。大冯对名作家翻译外国文学作品的意义尤为赞赏："这一批作家，一手拿笔写作，一手从别国的思想武库中提取精华介绍给国人，以改造国民的精神素质，唤起时代进步的要求。因此，这不是出于商业卖点的引进，而是先进思想的引进。所以我一直强调文学翻译要发扬两个传统：精神的传统和经典的传统，外国的经典翻成中文后，也要成为中文的经典"。

在展出的俄罗斯文学版本中，既有上世纪初出版、纸页已残缺泛黄的小开本，也有近年来出版的精装豪华本，其中许多是破天荒从市图书馆借出的孤本、善本，加上大冯自己的收藏，弥足珍贵。除文学版本外，展览中还可看到普希金、屠格涅夫、果戈里、托尔斯泰、莱蒙托夫、马雅可夫斯基等文学巨匠在自己手稿上所

做的插图。作家会画画，这是俄罗斯文坛的一个有趣现象，令人不禁感慨：俄罗斯不愧为一个艺术的国度！

合作

1900年前后，俄罗斯人阿理克谢耶夫。当中国人尚未认识年画这种"岁时饰品文化"的价值时，他已将其当作珍贵民间艺术研究和收藏了。1907年，他与法国汉学家沙畹来华考察，到天津杨柳青购买了大量木版年画。他一生中共收藏了三千余幅中国木版年画，并于1910年在圣彼得堡举办了世界上首次中国木版年画展。本次展览中，记者看到好几幅俄罗斯油画，有人物，有静物，画的背景都有一幅中国木版年画。还有两幅俄国版画，描绘的是当年俄罗斯画贩子背着中国年画到处兜售的情景。2003年大冯访俄时，曾亲临圣彼得堡国家地理学会及冬宫、阿尔米塔什博物馆中，参观这些中国年画。令他惊叹的是，其中80%是杨柳青年画，不少是在国内都已绝迹的！

从2002年开始，由大冯主持的"中国木版年画普查与抢救项目"，在完成了杨柳青、桃花坞、杨家埠、绵竹等卷的出版后，又将目光转向海外收藏年画最多的国度俄罗斯，而挑大梁的角色自然非李福清莫属。

"为什么搜集、研究中国年画最地道的竟然是俄国人呢？如果说中俄地理位

著名俄国汉学家阿理克谢耶夫

《中国木版画集成·俄罗斯卷》书影

大冯与李福清

置接近,为什么我们无人研究俄国的民间版画、日本的浮士绘、韩国的民间陶瓷和印尼的皮影?除去已故的年画专家王树村外,我们基本上没有新一代研究年画的专家!对待文化遗产,最要紧的一是无功利之心,二是有责任感,还得是性情中人,可这样的人到哪儿去找呢?"正是基于这一原因,大冯才把《中国木版年画集成·俄罗斯卷》的编撰任务交给了"洋人"李福清,因为他相信一个人与一个地方是有缘份的,倘若无缘,失之交臂,倘若有缘,万里相牵!

李福清是已故汉学家阿理克谢耶夫的学生,是大冯的文学翻译,又是中国年画的研究专家,在中国民协的资助下,他花费了两年时间,从俄罗斯27个博物馆中甄选了600幅中国年画,全部拍照下来,送到天大冯骥才研究院进一步筛选,编辑成《中国木版年画集成·俄罗斯卷》,还特别撰写了一篇8万字的文章,概述了中国年画在俄罗斯的收藏和研究状况。

当我们打开面前这部精美厚重的年画巨制,重温那一幅幅情趣盎然、精彩纷呈的动人画卷时,一种感慨油然而生,我们为这些流落异乡的文化瑰宝的命运扼腕叹息,同时也为大冯与李福清两位学者的珠联璧合而深感庆幸。正是有了这样的学者,才能有这样的跨国情缘,也才能有今天"游子返乡"、重现风华的美妙时刻。

图书在版编目（CIP）数据

焦点大冯 / 杜仲华著 —北京：文化艺术出版社，2009
ISBN 978-7-5039-4042-2

Ⅰ．焦… Ⅱ．①杜… Ⅲ．冯骥才—生平事迹 Ⅳ．K825.7

中国版本图书馆CIP数据核字（2009）第220735号

焦点大冯

著　者	杜仲华
责任编辑	成　易
装帧设计	雪　媛
出版发行	文化艺术出版社
地　址	北京市朝阳区惠新北里甲1号　100029
网　址	www.whyschs.com
电子邮箱	whysbooks@263.net
电　话	（010）64813345　63813346（总编室）
	（010）64813384　63813385（发行部）
经　销	新华书店
印　刷	国英印务有限公司
版　次	2010年1月第1版
印　次	2010年1月第1次印刷
开　本	710×1000mm　1/16
印　张	14.625
字　数	150千字
书　号	ISBN 978-7-5039-4042-2
定　价	34.00元

版权所有，侵权必究。印装错误，随时调换。